JavaScript

Script

プロフェッショナル
Webプログラミング

柳井政和　著

JN026820

エムディエヌコーポレーション

はじめに

　本書は、JavaScriptというプログラミング言語について、基礎的な知識を中心に紹介しています。そして、自分で書くようになったときの、調べ方、考え方について触れています。

　また、特定のツールに依存する内容ではなく、JavaScript自体を学ぶことを主眼に置いています。JavaScriptの世界は、日々さまざまなツールが出てきて入れ替わっており、数年で流行が変わるためです。

　本書では、JavaScriptの仕様について網羅的に扱うのではなく、勘所がわかるようにポイントを押さえながら順番に解説しています。また、初心者でも最後までたどり着けるように、説明する内容をコンパクトにまとめています。それでもプログラミング言語の仕様は初心者にはとても多く、把握するには苦労することでしょう。

　プログラミング言語の学習の前に、知っておくとよいことを書きます。プログラミング言語には多くの仕様があり、その仕様は複雑にからみあっています。Aを理解するためにはBの知識が要る、Bを理解するためにはAの知識が要るということが多いです。そのため、頭から順に完全に理解してから進もうとすると、上手く理解できないこともあります。最初にざっと流し読みして全体像をつかみ、そのあとにもう一度読みながら、ほかの場所の記述も参考にしながら確認していくとよいです。

　JavaScriptの全体像を頭の中に思い描き、それぞれの仕様について学んでいってください。

柳井 政和

本書の使い方

Sectionタイトル
Sectionのテーマを示すタイトルが付けられています。

リード文
Sectionの内容が簡潔にまとめられています。

Section番号
CHAPTERごとに、Section番号を振っています。

見出し
Section内で内容ごとに見出しで区切って解説しています。

基本構文
プログラムの基本構文やプログラム例を示しています。

ループ処理

04

プログラムの便利なところは、大量のデータに対してくり返し処理を行えることです。そうした処理のことを、ループ処理と呼びます。ここではループ処理を学び、配列の各要素を処理していきます。

ループ処理を使えば、配列の各要素に対して、同じ処理を行えます 。

01 くり返して各要素を処理

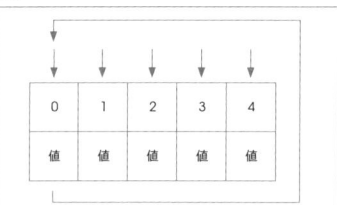

0	1	2	3	4
値	値	値	値	値

▼ for文

for文は、配列と組み合わせてよく使われるループ処理です。ある数値から、ある数値までの処理を行う目的で使います。そのため、配列の先頭から末尾まで順次処理をしていくのに向いています。for文は、for（初期化式；条件式；変化式）{ }という形を取ります。

```
for （初期化式；条件式；変化式）{
    処理
}
```

初期化式は、for文に入るときに最初の1度だけ実行されます。多くの場合、ここで処理回数をカウントする変数を作り、0を代入します。**条件式**は、初期化式のあとと、**変化式**のあとに実行されます。ここでtrueとみなせる計算結果にすると、「{ }」内の処理を行います。falseとみなせる計算結果にすると、「{ }」内から抜けて、次の行に進みます。変化式は、「{ }」内の処理が終わったあとに実行されます。多くの場合、ここで処理回数をカウントする変数の値を1大きくします **02**。

▶サンプルファイルのダウンロードについて

本書で使用しているサンプルファイルは、下記のWebページよりダウンロードできます。本文の該当箇所でサンプルファイルを活用しながら学習を進めてください。

https://books.mdn.co.jp/down/3220303042/

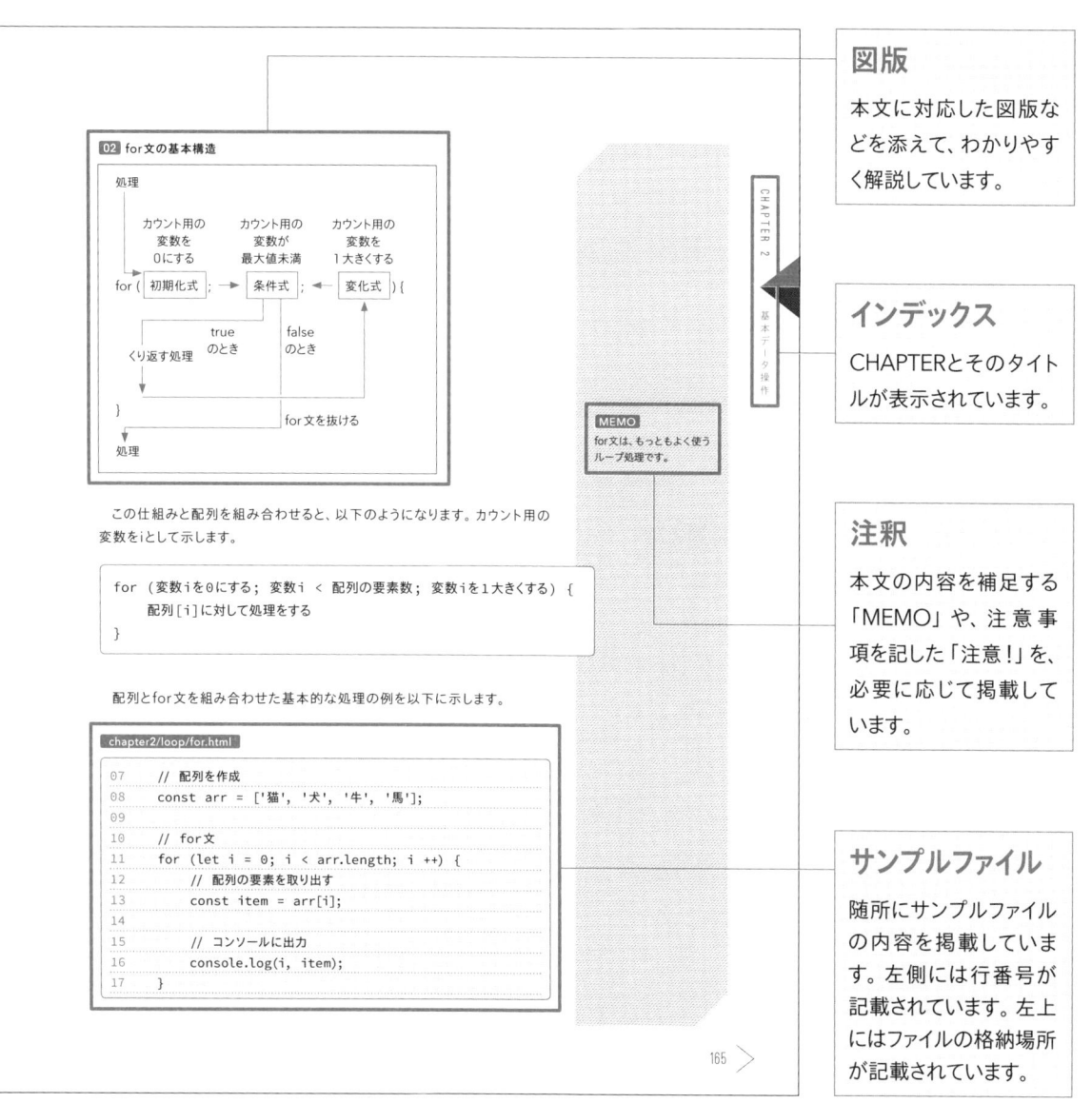

図版
本文に対応した図版などを添えて、わかりやすく解説しています。

インデックス
CHAPTERとそのタイトルが表示されています。

注釈
本文の内容を補足する「MEMO」や、注意事項を記した「注意!」を、必要に応じて掲載しています。

サンプルファイル
随所にサンプルファイルの内容を掲載しています。左側には行番号が記載されています。左上にはファイルの格納場所が記載されています。

CONTENTS

▶ CHAPTER 2

基本データ操作

▶ CHAPTER 3

現場向け応用知識

CHAPTER

0

学習の前に

JavaScriptとは

01

これからJavaScriptというプログラミング言語について学んでいきます。まずは、そもそもJavaScriptがどのようなものかを確認し、Webページにおいてどのような役割を担っているのかを押さえておきましょう。

JavaScriptはWebページの中でよく使われるプログラミング言語です。Webページから情報を読み取ってさまざまな処理をしたり、表示を書き換えたりするのに利用されます。多くのWebページは、文書が書かれたHTMLファイル、デザインが指定されたCSSファイル、プログラムが書かれたJavaScriptファイル、その他の画像ファイルなどによって構成されます。CSSの設定やJavaScriptのプログラムは、HTMLファイル内に書くこともできますが、多くの場合、ファイルを分けます 01 。

MEMO
ファイルを分けたほうが、メンテナンスしやすいです。

01 Webページのファイル

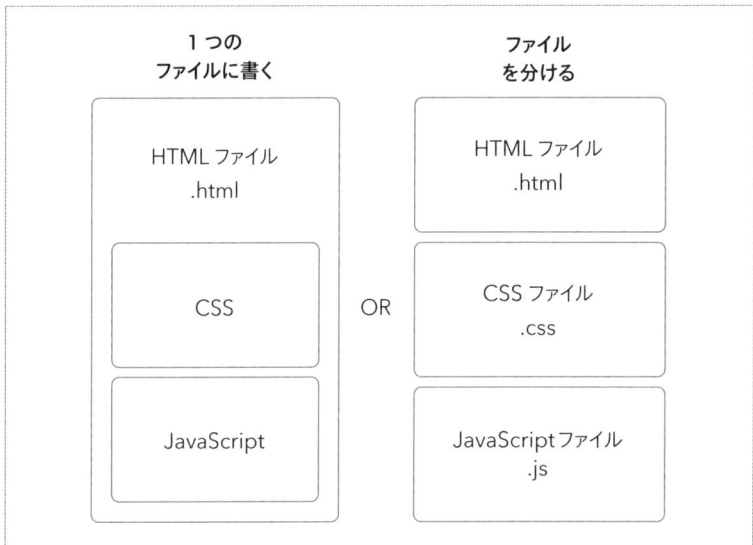

MEMO
HTMLファイルの拡張子は.html、CSSファイルの拡張子は.css、JavaScriptファイルの拡張子は.jsです。

JavaScriptは1995年に、当時のWebブラウザNetscape Navigator上で動くプログラミング言語として登場しました。のちに、欧州電子計算機工業会(ECMA：European Computer Manufacturers Association)が標準化を進め、ECMAScriptとも呼ばれるようになりました。JavaScriptは、2015年にリリースされたES6 (ES2015) で大きくリニューアルされ、多くの仕様が増えました。そのため、それ以前のES5とよく比較されます。また、ES6のあともバージョンアップが続き、少しずつ仕様が増えています。

現在JavaScriptは、Webブラウザのプログラミング言語という枠を離れ

て、ほかの場所でも使われています。たとえばサーバーで動くNode.jsがあります。このNode.jsは、CUIのプログラムを書くことにも利用されています。また、ElectronやNW.jsといった、GUIアプリを作る実行環境もあります。

　本書ではJavaScriptを学び、Webページを作るときに使えることを目指します。JavaScriptの実行確認はGoogle Chrome（P.14参照）、プログラムの記述はVisual Studio Code（P.22参照）を用います。

　JavaScriptの仕様を詳細に知りたいときは、下記のMDNのドキュメントなどが役に立ちます 02 。

　MDNのドキュメント内には、初級、中級、上級のチュートリアルや、JavaScriptガイド、各種リファレンスがあります。JavaScriptを使ってプログラムを書くときは、リファレンスをよく利用します。Googleなどの検索エンジンで、「MDN String」「MDN 文字列」「MDN Array」「MDN 配列」のように検索すると、目的のページを簡単に見付けられて便利です。

02 MDNのドキュメント

JavaScript | MDN
https://developer.mozilla.org/ja/docs/Web/JavaScript

Webブラウザの準備と関連知識

02

JavaScriptの実行確認では、パソコン向けのGoogle Chromeを使います。Google Chromeは、Google社が開発、配布しているWebブラウザです。現在もっとも普及しており、開発者向けの機能も充実しています。

Google Chrome

パソコン向けのGoogle Chromeは、2008年に登場しました。当時は、Internet Explorerがもっとも普及していたWebブラウザでしたが、現在ではGoogle Chromeのシェアがトップで、全体の7割近くになっています。

Google Chromeをまだ利用していない場合は、Google ChromeのWebページ（https://www.google.com/intl/ja_jp/chrome/）にアクセスし **01**、ダウンロードしてパソコンにインストールしてください。

01 Google ChromeのWebページ

Google Chromeには**開発者ツール（DevTools）**という、Webページを作る人向けの機能が用意されており、JavaScriptのプログラミングでもよく使われます。この機能を使うには、以下のいずれかの操作を行います。

・方法A：右クリックメニューの「検証」をクリックする。
・方法B：画面右上の「 ⋮ 」をクリックし、「その他のツール」→「デベロッパーツール」をクリックする。
・方法C：ショートカットキーを使う。Windowsは Ctrl + Shift + I 、Macは Cmd + Opt + I を押す。

MEMO
「Google Chrome」とWeb検索して、Google Chromeのページに移動する方法もあります。そのほうがURLを入力せずに済むので簡単です。

MEMO
開発者ツールについては、下記の公式の解説ページがありますので参考にしてください。
Chrome DevTools
https://developers.google.com/web/tools/chrome-devtools?hl=ja

MEMO
開発者ツールは、Firefoxなどほかのwebブラウザにもあります。

　開発者ツールは、タブを切り替えることで利用する機能を変えられます。とくによく使うのは、「Elements」タブと「Console」タブです。

　「Elements」タブは、HTMLの要素をツリー状に表示してくれます 02 。各要素のCSSの内容や表示サイズといった細かな情報も確認できます。Webページを作るときには必須の機能です。Webページの見た目については、「Elements」タブを見て作り込みます。

02　開発者ツール　「Elements」タブ

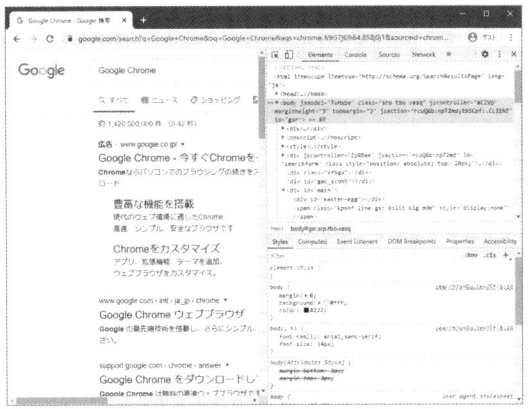

　「Console」タブは、さまざまな情報を表示する場所です 03 。Webページを読み込むときに発生したエラー、表示するときに起きた問題、セキュリティ的な警告など、多くの情報がこの場所に表示されます。また、プログラムの処理結果や、エラーの内容も出力されます。

03　開発者ツール　「Console」タブ

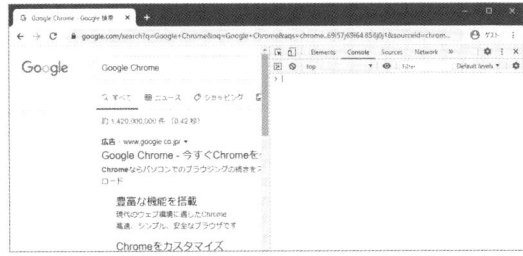

　JavaScriptのプログラムからコンソールに情報を出力するにはconsole.log()を使います。

```
console.log(コンソールに出力する情報);
```

MEMO
多くのプログラム開発環境では、プログラムの実行結果を表示する場所が用意されています。その場所のことをコンソールと呼びます。WebページのJavaScriptでコンソールという場合には、開発者ツールの「Console」タブのことを指します。

「,」（カンマ）で区切って情報を複数出力することも可能です。以下は、3つの情報を出力する場合です。

```
console.log(出力する情報, 出力する情報, 出力する情報);
```

プログラムの基本

プログラムには**文字列**と呼ばれるものがあります。文字が並んだデータのことです。コンソールに出力する情報の多くは、文字列になるでしょう。

JavaScriptでは、文字列の書き方が数種類あります。もっとも単純なのは、「'」（シングルクォーテーション）や「"」（ダブルクォーテーション）で文字を囲うことです。

```
'文字列'
"文字列"
```

以下のように、中身が空の場合も文字列です。

```
''
```

MEMO
文字が0個でも1個でも文字列です。文字を並べる形式のデータならすべて文字列です。

文字列や数値といった値は、**変数**という「値の入れ物」に入れることができます。変数に値を入れることを**代入**と呼びます。「=」（イコール）の記号を使い、右辺の値を左辺の変数に入れます。

```
str = '文字列';
```

「文字列と文字列」や「文字列と数値」などをつなぐときは、「+」（プラス）の記号を使います。変数を書いたときは、変数の中の値が利用されます。改行したいときは「\n」（バックスラッシュ、エヌ）を、改行したい場所に入れます。

```
num = 2;
str = '1行目\n' + num + '行目';
```

上記の変数strの中には、次の文字列が入ります。

MEMO
バックスラッシュは、Windowsで は ¥ キー、Macでは option + ¥ キーで入力します。
Windowsの場合、利用しているエディタ、およびフォントによっては「¥」として表示されます。本書で推奨しているVisual Studio Code（P.22参照）では「\」で表示されます。

```
1行目
2行目
```

　文字列を使うには、もう1つ方法があります。「`」（バッククォート）で囲うことです。この方法では、途中で改行ができます。また、「${ }」（ドル、波括弧）と書くことで、「{ }」の中にJavaScriptの式や変数を埋め込めます。

```
num = 2;
str = `1行目
${num}行目`;
```

CHAPTER 0

学習の前に

MEMO
「`」は Shift + @ で入力できます。

　上記の変数strの中には、先ほどと同じように、以下の文字列が入ります。

```
1行目
2行目
```

Google Chromeのコンソール

　Google Chromeのコンソールはとても高機能です。console.log()で出力したデータが、単純な値（文字列や数値）でないときは、「▶」をクリックして「▼」にすることで詳細が見られます 04 。複雑なデータを出力すれば、そのままコンソールから中身を確かめられます。

MEMO
こうした複雑なデータのことをオブジェクトと呼びます。

04 入れ子の情報を展開

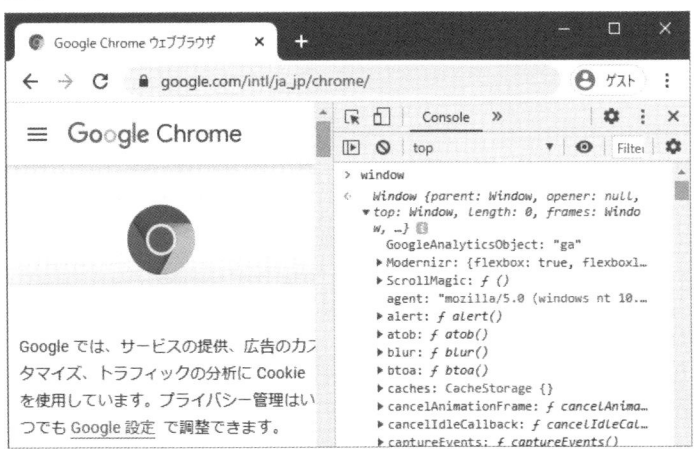

console.log()以外にも、consoleには多くの命令があります。これらは下記の公式ドキュメントに情報がまとまっています。すべてを使いこなす必要はないですが、目を通しておくとよいです。

Console API Reference | Chrome DevTool
https://developers.google.com/web/tools/chrome-devtools/console/api?hl=ja

また、コンソールの表示は、Ctrl+マウスホイールで大きくしたり小さくしたりできます 05 。リセットしたいときは Ctrl + 0 （ゼロ）で戻せます。

さらにコンソールでは、直接プログラムを書いて実行することもできます。プログラムを入力して Enter を押せば実行できます。改行は Shift + Enter で行えます。ちょっとした処理を試したいときは、「Console」タブを開いて結果を確かめられます。わざわざファイルに書くまでもないような簡単な処理を行いたいときに便利です。

05 コンソールの表示の拡大と直接入力

JavaScriptエンジンの種類

JavaScriptのプログラムはテキストで書きます。このテキストの内容を読んで処理するプログラムのことを、**JavaScriptエンジン**と呼びます 06 。

06 JavaScriptエンジン

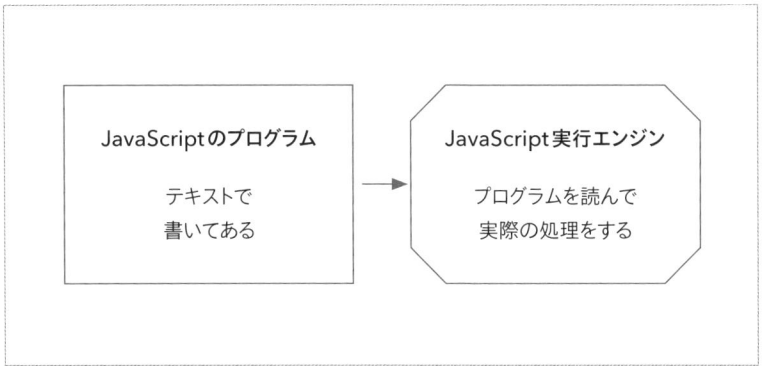

　Google ChromeのJavaScriptエンジンは、Google社が開発している
V8というものです。このV8というプログラムが、文字で書いたプログラムを
読んで、さまざまな処理をします。こうしたJavaScriptエンジンは、
ECMAScriptの仕様に従って作られています。V8はGoogle Chromeだ
けでなく、ほかの場所でも使われています。サーバーなどの環境で動く
Node.jsは、V8をJavaScriptエンジンとして採用しています。

　JavaScriptエンジンはV8だけでなく、ほかのものもあります。たとえば、
非営利団体Mozilla FoundationのFirefoxで利用されている
SpiderMonkey、Apple社のSafariで利用されているNitroなどがありま
す。これらは同じ仕様をもとに作られていますが、中身は異なります。また、
ゲーム専用機のWebブラウザなど、JavaScriptエンジンによってはES5まで
の仕様しか入っていないこともあります。

　JavaScriptのエンジンは1つだけではないということを、頭の片隅に留め
ておくとよいです。使える機能や動作が違うこともあるからです。

DOM

　JavaScriptというプログラミング言語と、Webブラウザで表示されるWeb
ページは、それぞれ独立した存在です。そのため、JavaScriptからWebペー
ジを操作するには、その間をつなぐルールが必要です。そのルールが**DOM
(Document Object Model)**です。

　DOMは、HTMLという階層構造を持つ文書を、メモリー上に表現したもの
です。DOMは、ディレクトリとファイルのようなツリー構造をしています。ツリー
のそれぞれの枝は、ノード（節点）につながっています。ノードの先に、さらに
枝があり、ノードがあり……という具合に、何層も連なっています **07**。

07 ツリー構造とノード

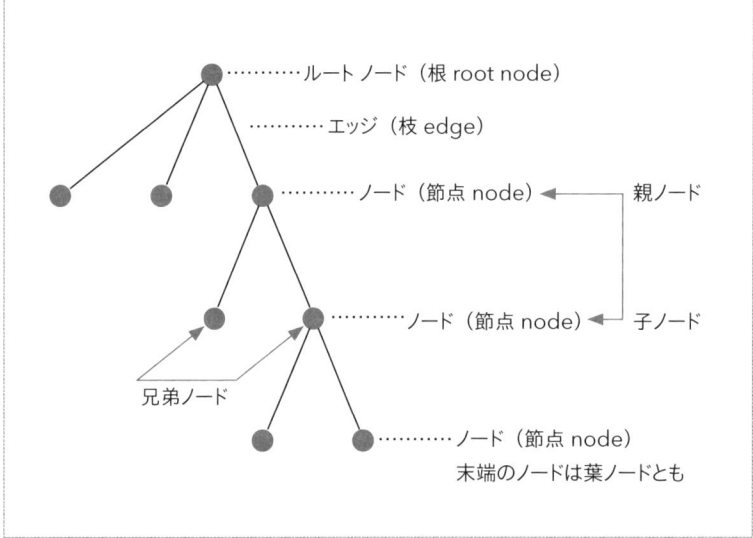

- ルートノード（根 root node）
- エッジ（枝 edge）
- ノード（節点 node） ← 親ノード
- ノード（節点 node） ← 子ノード
- 兄弟ノード
- ノード（節点 node）
  末端のノードは葉ノードとも

　それぞれのノードには、要素ノードやテキストノードなどの種類があります。要素ノード（Element）はHTMLのタグで表される要素です。テキストノードはHTMLタグに囲まれている文字の部分です。要素ノードは値を読み書きできます。また、クリックなどの操作をしたときの処理を登録できます。

　JavaScriptでDOMを操作するときは、専用の命令を利用します。多くの命令が用意されており、それらを使うことでWebページから情報を読み取ったり、書き換えたり、処理を登録したりします **08**。

08 JavaScriptとDOMの関係

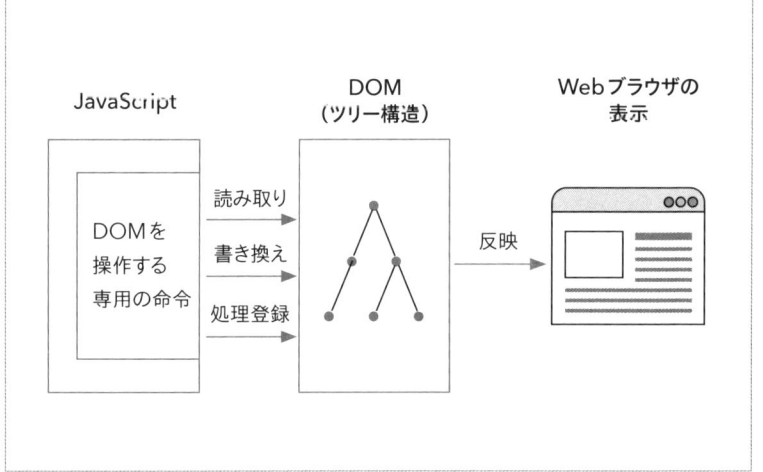

JavaScript

DOMを操作する専用の命令

読み取り
書き換え
処理登録

DOM
（ツリー構造）

反映

Webブラウザの表示

ブラウザ依存

　JavaScriptエンジンにいくつかの種類があることはすでに解説しましたが、HTMLファイルをもとにWebページを表示する**HTMLレンダリングエンジン**にも種類があります。Google Chromeは、BlinkというHTMLレンダリングエンジンを使っています。最新のMicrosoft Edgeも同じくBlinkを使っています。このBlinkは、Safariで使われているWebKitというHTMLレンダリングエンジンから派生しました。また、FirefoxではGeckoが、Internet ExplorerではTridentが使用されています。

　このように、Webページを表示するWebブラウザごとに中身のプログラムが違うため、見た目や動作がまったく同じにはなりません。反対に、同じHTMLレンダリングエンジンや、派生したレンダリングエンジンを使っているWebブラウザでは、ほとんど差が出ません。また、パソコンとモバイル端末のWebブラウザで、動作が異なることもあります。

　各Webブラウザは、HTMLのレイアウトやCSSでの装飾、JavaScriptの挙動などに、少しずつ違いがあります。こうした違いのことを**ブラウザ依存**と呼びます **09**。ブラウザ依存は本来ないほうがよいものです。しかし実際は、このブラウザ依存に悩まされることは多いです。パソコンのGoogle Chromeではうまく動くのに、iPhoneのSafariでは全然違う結果になる、といったことはよくあります。

　そのため、Webページを作ったら、自分がいつも使っているWebブラウザだけでなく、パソコンとモバイル端末の双方について、いくつかの主要なWebブラウザで確認する必要があるでしょう。

09 ブラウザ依存

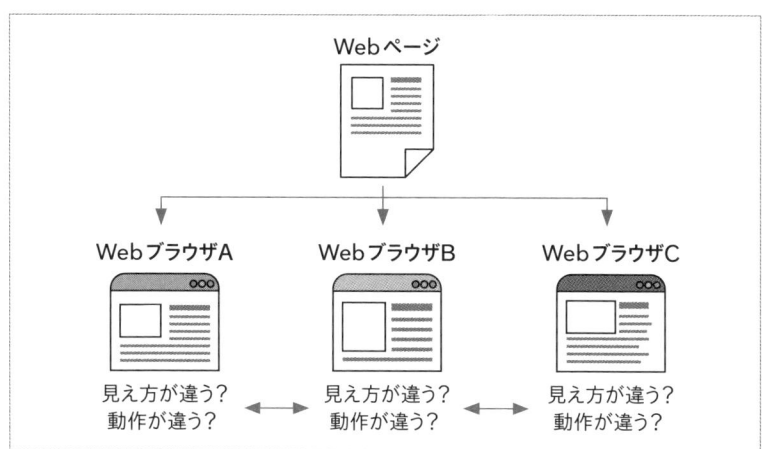

エディタの準備と関連知識

03

WebページやJavaScriptのプログラムを書くためのエディタを、パソコンに用意します。パソコンに初めから入っているメモ帳などでも書けますが、プログラミング用のエディタを導入したほうがよいです。

パソコン向けのプログラミング用エディタを導入します。プログラミング用エディタには、以下のような機能が備わっています。

・シンタックスハイライト：プログラムを見やすく色分けしてくれる機能。
・コード補完機能：プログラムを途中まで書くと、続きの候補を表示してくれる機能。
・拡張機能：便利な機能を加えてカスタマイズできる機能。

シンタックスハイライトやコード補完機能は、プログラムを書くときのミスを大幅に減らしてくれます。拡張機能の中には、開発の効率を上げてくれるものが多くあります。ほかにも、プログラミング用のエディタには多くの機能が入っています。たとえば、画面を分割したり、ファイルの一覧を表示したり、デバッグをサポートしたりする機能があります。

こうしたエディタを利用すると、開発時間が短くなり、ストレスも減ります。そのため、最初に一手間かけても導入することをおすすめします。

無料のエディタ

プログラミング用のエディタはとても便利ですが、導入の効果がわからないものを、いきなり購入するのは勇気が要ります。しかし心配は無用です。無料で使える高機能なプログラミング用のエディタが存在します。ここでは、HTML、CSS、JavaScriptといったWebページ用のファイルを書くための、無料のプログラミング用のエディタを紹介します。

おすすめのエディタは下記の2つです。

・Visual Studio Code：Microsoft製。VSCodeとも略される。
・Atom：GitHub製。

どちらも人気のあるエディタですが、最近ではVisual Studio Codeの方が広く普及しています。

> **MEMO**
> デバッグとは、プログラムの不具合や誤りを発見して修正するための作業のことです。

これら2つのエディタは、ともにElectronというソフトウェアで作られています。このElectronは、Google Chromeの基になっているChromiumというWebブラウザと、Node.jsというJavaScriptの実行環境で構成されています。

今からJavaScriptのプログラムを書くなら、Visual Studio Codeをダウンロードして、インストールするとよいでしょう。それぞれ、下記のWebサイトからダウンロードできます **01** **02**。

01 Visual Studio CodeのWebサイト

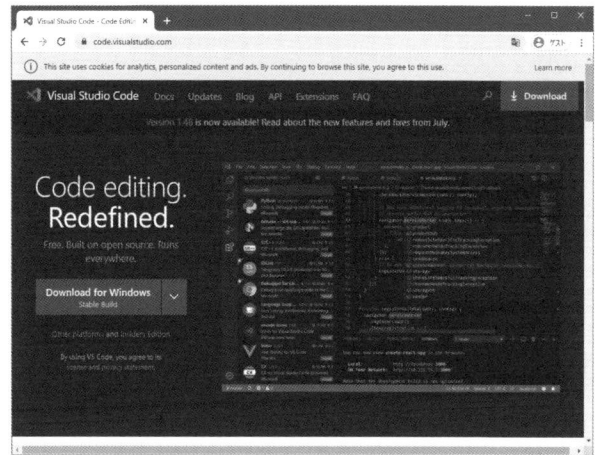

Visual Studio Code - Code Editing. Redefined
https://code.visualstudio.com/

02 AtomのWebサイト

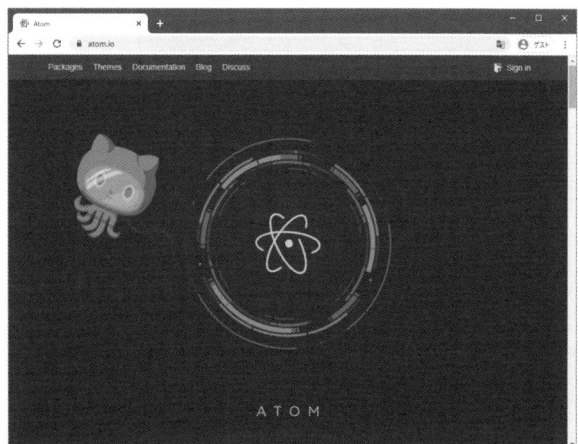

Atom
https://atom.io/

MEMO
Visual Studio CodeとAtomは、Google Chromeとも非常に近いです。

CHAPTER 0

学習の前に

文字コード

　この部分は難しそうだと思ったら読み飛ばしてください。少しコンピューターの中のデータについて話します。

　コンピューターのデータは、0と1の情報の羅列です。人間が読み書きする文字を、そのまま保存することはできません。コンピューターのディスプレイに表示されている文字は、0と1の情報から、対応する文字を探して画面に描画したものです。

　0か1で表す最小単位の情報は**bit（ビット）**と呼びます。このbitが8つ集まった単位が**byte（バイト）**です。多くの場合プログラミングでは、このbyte単位で情報を扱います。

　1byteは、0と1という情報が8つ集まったものです。0と1は2つの状態を表せます。この2を8回掛けると256になります。つまり1byteは、0から255までの256種類の数値を表せます。

　英語のアルファベットは26文字です。大文字小文字合わせても52文字です。0から9までの数字を加えても62文字です。その他の記号を加えても256種類の数値があれば対応表を作れます。そのため英語では、1byteあれば文字を表現できます。

　しかし日本語は、平仮名や漢字など多くの文字があります。世界にはさらに多くの文字があります。それらの文字をどう扱うかは、コンピューターが世界に普及してから問題になりました。日本語に関しては、このデータと文字の対応表が何種類かありました。Shift_JISやEUC-JPなどがあり、異なるOSで文字を表示するときは変換する必要がありました。このデータと文字の対応表のことを**文字コード**と呼びます。

　こうした問題は、現在はほぼ解消されています。Webの世界ではUTF-8と呼ばれる文字コードが標準になっています。Visual Studio Codeでファイルを作って文字を書けば、自動的にUTF-8の形式になるので、心配しなくても大丈夫です。

　さらに、コンピューターとデータについても解説します。多くの場合、プログラミングでは1byteを単位とします。1byteが表せる256は、16×16に分割できます。そのためプログラミングでは、**16進数**の数字がよく扱われます。ふだんプログラムを書かない人にとっては、謎の数字でしょう。

　人間がふだんよく使っているのは、10で桁が1つ上がる数字の数え方をする**10進数**です。秒や分を数えるときなどに、60で桁が1つ上がる数字の数え方をする60進数もよく使っています。16進数は、16で桁が上がる数え方です。16進数では数字以外にアルファベットも使います。0123456789AB

MEMO
2で桁が上がる数字の数え方を2進数と呼びます。

CDEFの16文字を使い、Fの次に桁が1つ上がります。

1byteは、16進数で書くと00からFFの数値となります。16進数の2桁で表せます。ITの世界では大切な表現なので、頭の片隅に入れておくとよいです。

下記は、英数字のコード表です **03**。ここに記載されているもの以外にも、改行やタブ文字など、人間の目に見えない文字もあります。しかし、128文字までの範囲に収まっています。

03 英数字のコード表

10進数	16進数	文字	10進数	16進数	文字
32	0x20		59	0x3b	;
33	0x21	!	60	0x3c	<
34	0x22	"	61	0x3d	=
35	0x23	#	62	0x3e	>
36	0x24	$	63	0x3f	?
37	0x25	%	64	0x40	@
38	0x26	&	65	0x41	A
39	0x27	'	66	0x42	B
40	0x28	(	67	0x43	C
41	0x29	)	68	0x44	D
42	0x2a	*	69	0x45	E
43	0x2b	+	70	0x46	F
44	0x2c	,	71	0x47	G
45	0x2d	-	72	0x48	H
46	0x2e	.	73	0x49	I
47	0x2f	/	74	0x4a	J
48	0x30	0	75	0x4b	K
49	0x31	1	76	0x4c	L
50	0x32	2	77	0x4d	M
51	0x33	3	78	0x4e	N
52	0x34	4	79	0x4f	O
53	0x35	5	80	0x50	P
54	0x36	6	81	0x51	Q
55	0x37	7	82	0x52	R
56	0x38	8	83	0x53	S
57	0x39	9	84	0x54	T
58	0x3a	:	85	0x55	U

10進数	16進数	文字
86	0x56	V
87	0x57	W
88	0x58	X
89	0x59	Y
90	0x5a	Z
91	0x5b	[
92	0x5c	\
93	0x5d	]
94	0x5e	^
95	0x5f	_
96	0x60	`
97	0x61	a
98	0x62	b
99	0x63	c
100	0x64	d
101	0x65	e
102	0x66	f
103	0x67	g
104	0x68	h
105	0x69	i
106	0x6a	j

10進数	16進数	文字
107	0x6b	k
108	0x6c	l
109	0x6d	m
110	0x6e	n
111	0x6f	o
112	0x70	p
113	0x71	q
114	0x72	r
115	0x73	s
116	0x74	t
117	0x75	u
118	0x76	v
119	0x77	w
120	0x78	x
121	0x79	y
122	0x7a	z
123	0x7b	{
124	0x7c	
125	0x7d	}
126	0x7e	~
127	0x7f	

　このように、英数字は1byteの半分の範囲で収まります。しかし世界にある多様な文字を考えると、1byteには収まり切れません。

　では2byteで表現できるかというと必ずしもそうではなく、実はさらにbyteが必要なケースもあります。ふだん読み書きしている日本語は2byteの文字ですが、その範囲を超える文字もあります。ほとんどのケースでは気にしなくても大丈夫ですが、将来のために、そういったものもあると記憶しておくとよいです。

　文字は現在も増え続けています。たとえば絵文字が挙げられます。大きな情報量で文字を表現するサロゲートペアと呼ばれるものもあります。本書では触れませんが、キーワードとして覚えておくとよいです。Web向けのプログラムを書いていると、こうした知識が必要になることもあります。

　さらに、プログラミング初心者は気にしなくてよい知識についても補足しておきます。

Webの世界ではUTF-8と呼ばれる文字コードが標準になっていると解説しましたが、実はJavaScriptの処理が行われるメモリーの中では、文字はUTF-16という形式になっています。

　どうして、このようなことになっているかというと、UTF-8はファイルサイズが小さいものの、1文字ずつの文字のサイズがいびつなため、プログラムで処理しにくいからです。その点、UTF-16は、サイズは大きくなるものの、プログラムで処理しやすいデータと文字の対応になっています。

　こうした知識は、プログラムを書くうえで、初期の頃はほとんど必要のないものですが、中級者以上になると必要になります。

JavaScriptのプログラムを書く

04

JavaScriptのプログラムを書く方法には2種類あります。1つはHTMLファイルの中に書く方法で、もう1つはHTMLファイルとは別のファイルに書く方法です。両者の違いに気を付けながら、確認していきましょう。

▼ HTMLファイルにJavaScriptを書く

JavaScriptは、HTMLファイルの中にscriptタグを使って直接書くことができます。JavaScriptの短いプログラムを書くには、この方法が簡単です。まずはいくつか簡単なプログラムを書きながら、JavaScriptに慣れてみましょう。

下記の例のように、HTMLファイルの中に、<script>〜</script>のタグで囲んだ領域を作ります。この範囲に、JavaScriptのプログラムを書けます。

MEMO

HTMLについては本書では詳しく解説しません。理解が十分でない場合は、別の書籍などで詳しく学ぶとよいでしょう。

`chapter0/start/start-1.html`

```
01<!DOCTYPE html>
02<html lang="ja">
03  <head>
04    <meta charset="utf-8">
05    <script>
06
07    console.log('1 Hello World!');
08    console.log('2 Hello World!');
09
10    </script>
11  </head>
12  <body>
13  </body>
14</html>
```

scriptタグで囲まれたこの部分が
JavaScriptのプログラム

この例では、次のようにコンソールに出力されます。

`Console`

```
1 Hello World!
2 Hello World!
```

scriptタグは、headタグの中でも、bodyタグの中でも、どちらでも書けます。そしてscriptタグの内容は、どちらに書いても画面には表示されません。

理解の手助けのため、HTMLについても解説します。HTMLファイルは、<!DOCTYPE html>でHTMLファイルであることを宣言します。そしてhtmlタグ、その中のheadタグ、bodyタグで文書の領域を作ります。タグとは「<>」の記号で囲まれたものです。<タグ名 属性>〜</タグ名>あるいは<タグ名 属性>で1つの構造になります。

headタグの中は、Webページの画面に表示されない部分で、文書についての情報を書きます。bodyタグの中は、Webページの画面に表示される部分です。

 プログラムの実行の順番

プログラムは、上から順番に、そして同じ行なら左から順番に処理されます。JavaScriptのプログラムは、改行あるいは「;」(セミコロン)ごとに区切られます。セミコロンはなくてもよいですが、改行だけではうまくいかない条件もあるため、付けたほうがよいです。そのため本書では、処理単位ごとにセミコロンを付けます。

以下、コンソールへの出力を利用して、プログラムの処理の順番を説明します。P.15でも触れたように、JavaScriptでは、console.log(出力したい内容)と書くと、コンソールに情報を出力できます。コンソールは、日本語では、制御盤、制御卓、操作卓などと訳されます。プログラミングの世界でコンソールというと、プログラムの各種情報を表示する画面のことを指します。

P.14でも解説しましたが、Google ChromeではWebページ上で右クリックして「検証」をクリックすると、開発者ツールを開けます。そのうえで「Console」タブを選択すればコンソールを確認できます。そのほかの開き方については、P.14を確認してください。

以下、出力を横にも並べてみます。実行順番を確かめてください。

chapter0/start/start-2.html

```
07    console.log('output 1');   console.log('output 2');   console.log('output 3');
08    console.log('output 4');   console.log('output 5');   console.log('output 6');
```

MEMO
ジャンボジェット機の操縦席もコンソールと呼ばれます。

MEMO
以降では、解説に必要な場合を除き、HTMLの部分は省略して掲載します。

`Console`

```
output 1
output 2
output 3
output 4
output 5
output 6
```

　同じ行なら左から順番に実行され、そして右端までくれば下の行に移っていることがわかります `01`。

`01` 実行の順番

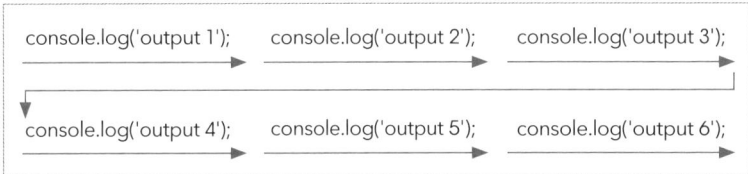

HTMLとJavaScriptのファイルを分ける

　JavaScriptのプログラムは、HTMLファイルの中に直接書くだけでなく、別のファイルに書いて、HTMLファイルに読み込ませることもできます。そのときは、scriptタグのsrc属性を使って読み込みます。src属性には拡張子.jsのJavaScriptファイルのURLを書きます。URLには、https://やhttp://から始まる絶対パス `02` と、HTMLファイルからの位置を書く相対パス `03` が使えます。

`02` 絶対パス

```
<script src="https://code.jquery.com/jquery-3.5.1.min.js"></script>
```

`03` 相対パス

```
<script src="js/main.js"></script>
```

　相対パスには、さまざまな書き方があります。「../」で1つ上のディレクトリを指します。「./」で同じディレクトリを指します。先頭が「/」で始まるときは、ルー

ト（いちばん上）のディレクトリを指します。

書き方	意味
main.js	HTMLファイルと同じディレクトリ内のmain.js
./main.js	HTMLファイルと同じディレクトリ内のmain.js
js/main.js	jsディレクトリ内のmain.js
./js/main.js	jsディレクトリ内のmain.js
../../js/util.js	2つ上のディレクトリにある、jsディレクトリ内のutil.js
/js/common.js	ルートにあるjsディレクトリ内のcommon.js

　実際に、HTMLとJavaScriptのプログラムを分離してみましょう。まずは分離前のHTMLファイル **04** を示し、そのあとに分離後のHTMLファイル **05** とJavaScriptファイル **06** を示します。

04 変更前のHTML（chapter0/separation/before.html）

```
01<!DOCTYPE html>
02<html lang="ja">
03  <head>
04    <meta charset="utf-8">
05    <script>
06
07    console.log('1 Hello World!');
08    console.log('2 Hello World!');
09
10    </script>
11  </head>
12  <body>
13  </body>
14</html>
```

↓ 分離

05 変更後のHTML（chapter0/separation/after.html）

```
01<!DOCTYPE html>
02<html lang="ja">
03  <head>
04    <meta charset="utf-8">
05    <script src="after.js"></script>
06  </head>
07  <body>
```

```
08    </body>
09</html>
```

06 変更後のJS（chapter0/separation/after.js）

```
01    console.log('1 Hello World!');
02    console.log('2 Hello World!');
```

　WebページのJavaScriptでは、HTMLファイルが基点となり、プログラムの処理が始まります。そのため、基点となるHTMLファイルがエントリーポイント（処理が始まる場所）になります。上の変更後の例では「after.html」がエントリーポイントです。

ドメインとクロスドメイン

　JavaScriptのプログラムを書くときには、ある程度インターネットの知識が必要です。その中でも重要なのは、ドメインについての知識です。JavaScriptの処理の中には、Webブラウザのセキュリティ制限による制約を受けるものがあります。そのセキュリティの多くはドメインが関係します。
　ドメインとは、「https://example.com/animal/cat.html」といったURLの場合、「example.com」の部分です**07**。ドメインはもともと「領域」という意味を持ち、インターネット上の組織名のようなものです。そのため、同じドメインのファイルなら、同じ組織のものとWebブラウザにみなされます。一方、違うドメインのファイルなら、別の組織のものとみなされます。そして、違うドメインと通信しようとすると、さまざまな制約を受けます。

07 ドメイン

https://example.com/animal/cat.html

ドメイン＝インターネット上の組織名のようなもの

　現実社会にたとえるなら、同じドメインのファイルは、同じ会社の社員のようなものです。同じ会社の社員と電話をして機密情報を話しても問題はありませんが、別の会社の社員と電話をして機密情報を話したら、情報の漏洩になります。同じように、別ドメインとのやり取りは、Webブラウザから制約を受けます。

MEMO
JavaScriptのプログラムから通信ができなかったり、ファイルを読み込めなかったりしたときは、原因として異なるドメインであることを疑うとよいです。

こうした、別ドメインにまたがる状態を、**クロスドメイン**と呼びます 08 。クロスドメインの通信を行うには、サーバー側に設定を行うなどしなければなりません。こうした知識がないと、何が原因でエラーが起きているのかわかりません。覚えておくとよいでしょう。

08 クロスドメイン

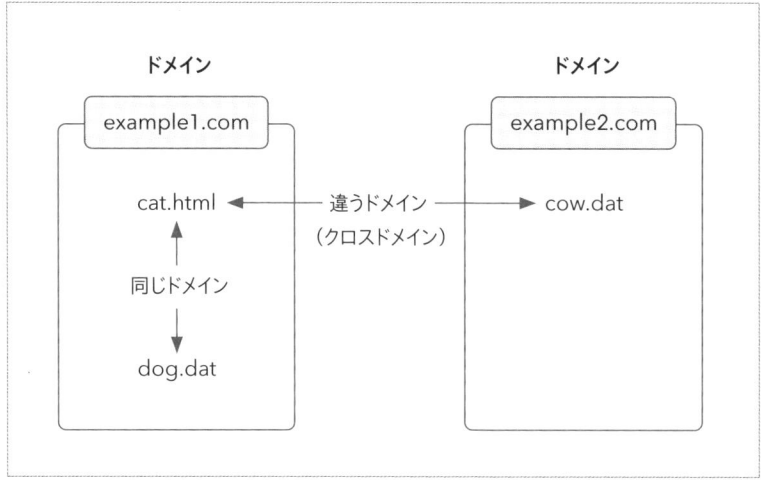

プログラミング学習のポイント

JavaScriptのプログラムを本格的に学習していく前に、プログラムの学習において大切なことをまとめておきます。効率的に上達していくために、しっかりと学習のポイントを押さえておきましょう。

▼ 動かすこと、改造すること、エラーを出すこと

プログラミングにおいてまず大切になることは、まずプログラムを実際に動かしてみること、コードを改造してみること、そして積極的にエラーを出すことです。それぞれ詳しく見ていきましょう。

実際に動かしてみよう

プログラミングの初心者のうちは、プログラミング言語の仕様だけを見て、プログラムがどう動くかイメージするのは難しいです。実際に動くところを確認して、イメージをつかんでいく必要があります。ほかのプログラミング言語の経験があれば、頭の中だけで理解できるかもしれませんが、プログラミング自体が初めてのときは困難です。

とはいえ、本に掲載されているコードをすべて動かして確認するのは時間がかかります。ざっと流し読みして全体像をつかんだあと、気になるコードを動かしてみるのがよいでしょう。ある程度全体像をつかんでいないと、細部ばかりを見ても理解しづらく、退屈な作業になってしまいます。

また、プログラムは、プログラミング言語を網羅的に理解してから書くものではありません。ある程度の構造を把握したあと、必要に応じてドキュメントなどで機能を確認しながら書き進めるものです。現在のプログラミング言語は仕様が非常に多く、それらすべてを記憶することは困難です。おおまかな仕組みを理解したあとは、その都度細部を確かめながらプログラムを書くとよいです。

コードを改造してみよう

時間に余裕があるのなら、サンプルのコードを実行するだけでなく、書き換えて動作がどのように変わるのか確かめるとよいです。たとえば、値を変えると、どのように結果が変わるのか。あるいは、処理の順番を変えると、どのように動作が変わるのか。そうしたことを確かめて、最終的にはプログラムを頭の中だけで動かせるようになるとよいです。

頭の中で動かせるようになれば、脳内の処理と、実際の処理が違っているときに、処理の内容がおかしいと短時間で気付けます。そうなると開発速度

MEMO

本書には各プログラムのサンプルファイルが用意されています。学習の際にはぜひ活用し、実際に動かしてみてください。

が上がります。

積極的にエラーを出そう

　日本語のようなふだん使う言葉であっても、修正の必要がない長文を、いきなり書ける人はいません。同じように、まったくエラーのないプログラムをいきなり書ける人もいません。プログラムの作成は、書いて修正する作業のくり返しです。そのためエラーを出すことに慣れて、原因を手早く見つけて直すコツを、身に付ける必要があります。

　エラーの修正でもっとも大切なのはエラーメッセージです。エラーメッセージはコンソールに表示されます。適切なエラーメッセージが得られれば、原因をすぐに特定して対策できます。

　エラーメッセージは、ほとんどのプログラミング言語で、英語で出てきます。そして、プログラミング言語ごとの専門用語や独特の言い回しがまざっています。初めのうちは戸惑うと思いますが、徐々に慣れていってください。

MEMO
エラーメッセージが出たら、そのメッセージをWebで検索して、原因や解決方法を調べるようにしましょう。

▼ 検索すること

　プログラミング言語は、ある日いきなり登場したわけではありません。最初の公開から少しずつ仕様が追加されて、現在の形になってきました。また、いろいろな時期に流行していたほかのプログラミング言語のよいところを取り込んで、機能を増やしてきました。そのため、変遷の過程を知らない人が現在の仕様だけを見ても、なぜそうなっているのか理解できないことが多いです。

　プログラミングでわからないことがある場合、目の前の情報だけを見て解決しようとするのではなく、積極的にWebで検索を行い、情報を増やして解決したほうがよいです。Webで検索をすれば、解決方法を得たり、周辺知識を増やしたりできます。何度も同じことを調べて、少しずつ知識を積み重ねていくことで理解が深まっていきます。

MEMO
すべてを知っている必要はありません。その都度調べて解決すればよいです。プログラミングを徐々に身に付けていってください。

検索で大切なこと①——検索語

　Webでプログラムの情報を調べるうえで、いくつか大切なことがあります。まずは、どんな検索語を選ぶかです。必ず含めてもらいたいのは、プログラミング言語の名前や、ライブラリの名前です。何について調べているかを示さなければ、関係のない情報がたくさん引っ掛かり、目当ての情報にたどり着けなくなります。

　エラーについて調べる場合は、エラーメッセージを入力します。同じようなエラーに遭遇した人たちが、ブログや掲示板サイトに、どうやって解決しているのかを書いていることが多いです。

MEMO
ライブラリとは、便利な機能をまとめたプログラムのことです。

プログラマーの多くは、トラブルを経験したときに、その過程や解決までの道のりを文書にして公開します。プログラムに慣れてくると、自分でもそうした情報を発信していくとよいでしょう。

うまく動作せずに悩んでいるときは、使っている命令（関数）や起きている現象をキーワードに含めて検索するとよいです。実は知らないコツがあったりします。そのコツさえ知っていれば簡単に解決するのに、それを知らないために試行錯誤に時間を取られることもあります。

また、何をしたいのかを書いて検索することも大切です。掲示板サイトで同じような質問をしている人がいれば、その解答を得ることができます。あなたが出くわしている問題に、過去に誰かが出くわしていることは多いです。すでにどこかで質問されていて、答えが書いてある可能性が高いです。

情報を調べるときは、日本語だけでなく英語も視野に入れてください。日本語よりも英語を使う人のほうが多く、英語で調べたほうが答えが見つかりやすいです。

英語の読み書きができないという理由で尻込みする必要はありません。プログラミングの情報は、コードで書かれていることが多いです。コードと簡単な説明だけならば、Webブラウザの翻訳機能で訳せば十分に理解できます。たとえばGoogle Chromeは、プログラム系の英語のページは、比較的うまく訳してくれます。

MEMO
Google Chromeでは、Webページを右クリックして、「日本語に翻訳」をクリックすると翻訳できます。

検索で大切なこと②——ページの作成年月日

プログラムについてWeb検索で調べるときに大切なのは、ページが作成された年月日を確かめることです。プログラミング言語は変化します。数年に一度、大幅なバージョンアップが入り、仕様が変わることがあります。新しい機能が追加されるだけでなく、古い機能が非推奨になり、さらには使えなくなります。そのため古い情報をもとに問題を解決しようとしても、うまくいかないことが多いです。

また、ライブラリについて調べるときにも注意が必要です。大きなバージョンアップの結果、プログラムの書き方から機能までが、まるっきり変わってしまうことがあります。ライブラリの変化は、おおむねプログラミング言語の変化よりも大きいです。そのため、古い情報をもとに最新のライブラリでプログラムを書いても、まったく動かないことがあります。

そのため、Webで検索して出てきた情報は、内容を読む前に、まず作成年月日を確認します。半年以内の情報なら、おおむね大丈夫と思ってよいでしょう。3年以上前の情報の場合は、現状とは違う可能性があると思ったほうがよいです。そして、できることならより新しい情報を探すべきです。

MEMO
ライブラリとは、さまざまな機能を集めた、プログラムの部品のことです。

検索で大切なこと③ ── 複数見ること

　プログラムについてWebで検索して調べるときには、複数のWebページを見ることが大切です。そもそも、あるWebページに書いてある情報が正しいとは限りません。またWeb検索は、必ずしも正しい情報を上位に表示してくれるとは限りません。いくつかのWebページを見ることで、間違いに気付くこともあります。

　そして、同じ問題を解決する方法が1つとは限りません。複数の方法があるときは、その中から適切な方法を選ぶ必要があります。また、同じ解決方法でも、プログラムの書き方はいくつかあります。より簡潔に、そして自分にとってわかりやすいコードを参考にするのがよいです。

　また、同じキーワードで検索して出てきたWebページでも、技術に対する視点が違うこともあります。そうした視点の違いを見ることで、知識の裾野が広がります。

　たとえば現実社会で、車についての情報を見たとします。乗り物としての視点で書いてある場合もあれば、歴史としての視点で書いてある場合もあります。物流の視点もあれば、環境問題の視点もあります。さまざまな情報を読むことで、調べた対象についての理解が深まります。

　プログラムでも同じようなことが多いです。あるエラーについて情報を調べたときに、単純な解決方法が書いてあるWebページもあれば、類似のエラーについての傾向と対策が書いてあるWebページもあります。なぜ、そうしたエラーが発生するのかについて掘り下げたページもあります。仕様書から、エラーの詳細を明らかにしているWebページもあります。それらを読み比べることで、対象への知識は増えていきます。

　また、すでに読んだことがあるWebページでも、再度読むことをおすすめします。知識の量が増えたことで、同じWebページから得られる情報が変わることがあります。最初に読んだときにわからなかったことが、周辺知識を身に付けたあとに読むと理解できたりします。

　学習は一度で終わるものではなく、同じ場所を何周もすることで身に付きます。複数見る、何度でも見ることが大切です。そして、多くの人のコードを読むようにしてください。多くのコードを読むことで、どういったコードが美しいコードなのかがわかってきます。自分のコードがそこから外れていると、何かがおかしいと感じるようになります。

　プログラムは理論で積み上げていきますが、人間は物事を直感で判断する力を持っています。理論と知識とともに、コードをたくさん読むことで直感も鍛えることができれば、鬼に金棒です。

バグとエラー

06

プログラミングを完成させるためには、多くのトラブルを解決しなければなりません。そのために役立つ手法として、コンソールに表示されるエラーメッセージの読み方や、プログラムの不具合であるバグの取り除き方を解説します。

このセクションの内容は、本書を読み終えたあとで再度読むとわかりやすいでしょう。JavaScriptの仕様についてとりあえず知りたい人は、読み飛ばして先に進んでかまいません。プログラムの開発方法もしっかりと学びたい人は、読んでから進んでください。

プログラムにはミスがつきものです。ある程度の長さのプログラムを書いて、ミスが1つもないということは、まずありません。プログラミングでは、ミスでプログラムが正常に動かないことを「バグがある」といいます。「バグ」という言葉は、「不具合」「欠陥」などといい換えることができます。

バグには、大きく分けて3種類あります。

1. そもそもプログラムを実行できないバグ。
2. プログラムは実行できるが途中で止まるバグ。
3. プログラムは止まらないが想定外の結果になるバグ。

これらのバグについて、順に見ていきましょう。

MEMO
バグには虫という意味があります。また、コンピューターが登場する前から、機械の不具合のことをバグと呼んでいた例もあります。

▼ プログラムを実行できないバグ

プログラムを実行できないバグの場合、コンソールにエラー情報が表示されます。この種のバグの場合、JavaScriptエンジンがプログラムを読んで、解釈できなかったためにプログラムを実行せずにエラーを出しています。

原因は、プログラムの文法が間違っていることです。この手の間違いは非常に多くあります。文章を書くと誤字脱字があるように、プログラムも書き間違いがあります。そうしたミスを取り除かないと、プログラムは動きません。

どのようなエラーが出てくるのか、実際のプログラムを書いて確かめましょう。まずは、プログラムとコンソールに出力される内容を掲載します。

`chapter0/bug/bug-1-1.html`

```
07    console.log('start');
08    let name : '桃太郎';
```

```
09      console.log(name);
```

`Console`

```
Uncaught SyntaxError: Unexpected token ':'        bug-1-1.html:8
```

　まず、コンソールの右側に表示される「**bug-1-1.html:8**」のところを見ます。ここに表示されているのは、エラーが見つかったファイル名と行数です。この部分はリンクになっており、クリックすると「Sources」タブが開き、該当箇所が表示されます。また、赤線とバツ記号で、エラーが発生した場所が示されます。

　次にエラーメッセージの内容を見ます。「**Uncaught SyntaxError: Unexpected token ':'**」というエラーメッセージは、「キャッチできなかった文法上のエラー：予期せぬトークン ':'」と翻訳できます。この部分について、もう少し噛み砕いて説明します。

　JavaScriptではエラーをキャッチする構文があります。そして、エラーの種類によっては、その構文でエラーをキャッチして、例外処理を行い、処理を継続します。そうするとプログラムを終了せずに済みます。

　Uncaughtは、そうしたキャッチが行われなかったという意味です。つまり、文法上の間違いがあり、キャッチされなかったというのが「Uncaught SyntaxError」の部分の意味です。

　また、トークンとは、「プログラムの中で意味を持つ文字の並びの最小単位」を意味します。「:」というトークンは、文法的に間違っている予期せぬもので、ここに書くべきではない、という意味になります。

　ここに本来くるべきトークンは、変数に値を入れる「=」です。この部分を修正すると、エラーは出なくなります。プログラムが正しく実行されて、結果が出力されます。

　次のものが、修正したプログラムです。

`MEMO`
例外処理については、P.108で詳しく説明します。

`chapter0/bug/bug-1-1-fix.html`

```
07      console.log('start');
08      let name = '桃太郎';
09      console.log(name);
```

`Console`

```
start                          bug-1-1-fix.html:7
桃太郎                          bug-1-1-fix.html:9
```

このように、エラーメッセージには、エラーがどこで起きたのかという情報と、なぜ起きたのかという情報が書いてあります。英語なのでわかりにくいですが、しっかり読んで内容を把握してください。また、意味がわからないときはGoogle翻訳で日本語に訳したり、Webで検索して解説が書かれたWebページを探したりしてください。

エラーメッセージは、プログラムを書くうえで避けては通れないものです。そして適切な情報を得れば、短時間でバグを修正できます。ぜひ、エラーメッセージの読み方に慣れてください。

プログラムが途中で止まるバグ

プログラムを実行できるものの途中で止まってしまうバグは、先ほどのバグより見つけにくいです。JavaScriptエンジンがプログラムを解釈できたため実行したものの、特定の場所にきたときに処理ができなかったことで、エラーが起きます。

この種のバグは、条件次第でエラーが起きたり、起きなかったりするので厄介です。うまくバグを再現できずに苦労することもあります。このタイプのエラーは、実行時エラーと呼びます。

ここでは、2つのよくあるケースを見ていきます。

ケース①

1つ目のケースは、変数や関数といった、プログラムにおける単語に相当するもののつづりが間違っていることです。ふだんの言葉で、エレベーターのことをエベレーターといってしまったり、トウモロコシのことをトウモコロシといってしまったりするようなミスです。実はプログラムを書いていると、この手の間違いは非常に多いです。人間が書くものなので仕方がありません。

どのようなエラーが出るのか、実際のプログラムで確かめましょう。コンソールに出力される内容もあわせて掲載します。

MEMO
関数とは、命令のことです。

`chapter0/bug/bug-2-1.html`

```
07    console.log('start');
08    let name = '桃太郎';
09    console.log(namae);
10    console.log('end');
```

Console

```
start                                    bug-2-1.html:7
```

```
Uncaught ReferenceError: namae is not defined          bug-2-1.html:9
    at bug-2-1.html:9
```

　startが表示されたあと、途中でプログラムが終わっています。「**Uncaught ReferenceError: namae is not defined**」というエラーメッセージは、「キャッチできなかった参照エラー：namaeは定義されていません」と翻訳できます。もう少し噛み砕いて説明します。

　Uncaughtは先ほどと同じように、例外としてキャッチされなかったという意味です。ReferenceErrorは、存在しない変数を使おうとしたときに出るエラーです。そのあとに「namaeは定義されていません」と続くことから、変数宣言をせずにnamaeという変数を使おうとしたエラーだとわかります。

　8行目ではlet nameと変数を宣言しています。9行目のnamaeは、似ていますが1文字違います。こうしたミスは多いです。

　次のように入力ミスを修正すれば、エラーは出なくなります。

chapter0/bug/bug-2-1-fix.html

```
07    console.log('start');
08    let name = '桃太郎';
09    console.log(name);
10    console.log('end');
```

Console

```
start                              bug-2-1-fix.html:7
桃太郎                              bug-2-1-fix.html:9
end                                bug-2-1-fix.html:10
```

　また、エラーをキャッチして回避してもエラーは出なくなります。ただ、このケースは明らかな間違いなので、キャッチする必要はないでしょう。

　次のものは、try catch文という例外を扱う構文です。try { }の「{ }」（波括弧）の中でエラーが起きれば、catch { }の「{ }」（波括弧）の中に処理が移動します。エラーが起きなければcatchのところは無視されます。

MEMO
try catch文については、P.108の例外処理のところで詳しく紹介します。

chapter0/bug/bug-2-1-catch.html

```
07    console.log('start');
08    try {
09        let name = '桃太郎';
```

```
10        console.log(namae);
11    } catch(e) {
12        console.log('キャッチ');
13        console.log(e);
14    }
15    console.log('end');
```

`Console`

```
start                              bug-2-1-catch.html:7
キャッチ                             bug-2-1-catch.html:12
ReferenceError: namae is not defined    bug-2-1-catch.html:13
    at bug-2-1-catch.html:10
end                                bug-2-1-catch.html:15
```

catch(e)のeはエラーの情報です。この情報を出力して、処理を続けています。

ケース②

2つ目のケースは、変数に入っている値が、プログラムの処理の内容と合っていないことです。こちらは1つ目のケースと違い、発見が難しいです。なぜなら、値の内容によってバグが起きたり起きなかったりするためです。以下に例を示します。

`chapter0/bug/bug-2-2.html`

```
07    console.log('start');
08    const str = 1234;
09    console.log(str.trim());
10    console.log('end');
```

`Console`

```
start                              bug-2-2.html:7
Uncaught TypeError: str.trim is not a function    bug-2-2.html:9
    at bug-2-2.html:9
```

Uncaught TypeError: str.trim is not a functionというエラーが出ます。TypeErrorは、値が期待される型ではないときに出るエラーです。エラーメッセージを見ると「str.trimは関数ではない」と出ています。
.trim()は、文字列の前後の不要なスペースや改行を取り除く関数です。

`MEMO`
型とは、値の種類のことです。数値や文字列など、さまざまな型があります。

文字列.trim()のように使います。しかし、変数strに入っているのは数値です。文字列と数値という型が違っており、これがエラーの原因です。

　問題を取り除きましょう。次のように、1234を「'」（シングルクォーテーション）で囲い、'1234'にしました。これで数値が文字列になりました。問題が取り除かれたので、エラーが出なくなりました。

chapter0/bug/bug-2-2-fix.html

```
07    console.log('start');
08    const str = '1234';
09    console.log(str.trim());
10    console.log('end');
```

Console

```
start                        bug-2-2-fix.html:7
1234                         bug-2-2-fix.html:9
end                          bug-2-2-fix.html:10
```

プログラムは止まらないが想定外の結果になるバグ

　最後が、もっとも解決の難しいバグです。プログラムとしてはおかしなところがないのに、出てくる結果が、想定どおりにならないというケースです。プログラムの計算方法や処理方法が、意図する結果を出せない内容になっています。

　シンプルなケースとして、JavaScriptの計算で、1+1が11になるというケースがあります。JavaScriptでは、数値の足し算を行う演算子（記号）は「+」（プラス）です。また、文字列を結合する演算子も「+」です。そのため、プログラムを書いた人が、数値の1と1を足しているつもりで、文字列の1と1を統合してしまい、11になるというケースがあります。

```
1 + 1 → 2 ──────────────┤ 数値の足し算
```

```
'1' + '1' → '11' ──────────┤ 文字列の結合
```

　例を見てみましょう。少し複雑になりますが、id="price1"の要素から値を得て、変数price1に値を入れ、id="price2"の要素から値を得て、変数

price2に値を入れています。そして、合計sumを求めます。最後に
id="sum"の入力欄に値を表示します  。

`chapter0/bug/bug-3.html`

```
01<!DOCTYPE html>
02<html lang="ja">
03  <head>
04    <meta charset="utf-8">
05  </head>
06  <body>
07    <input type="number" value="100" id="price1">
08    <input type="number" value="100" id="price2">
09    <input type="number" value="" id="sum">
10
11    <script>
12
13    const price1 = document.querySelector('#price1').value;
14    const price2 = document.querySelector('#price2').value;
15    const sum = price1 + price2;
16    document.querySelector('#sum').value = sum;
17
18    </script>
19  </body>
20</html>
```

01 表示内容

| 100 | 100 | 100100 |

文字列の結合になっている

MEMO

document.query
Selector()は、CSSセレク
ターで要素を選択する命
令です。#price1で、idが
price1の要素という意味
になります。valueは、
フォーム要素の値を読み
書きするためのものです。

　入力欄から得る情報は、inputタグのtype属性の値をnumberにしていて
も、文字列になります。そのため、そのまま「+」記号で計算すると文字列の
結合になります。文字列を数値にしてから計算しなければなりません。
　以下は、文字列から整数を作る関数parseInt()を利用して、文字列を数値
にしています。こうすると、正しい計算結果になります **02** 。

`chapter0/bug/bug-3-fix.html`

```
01<!DOCTYPE html>
```

```
02<html lang="ja">
03   <head>
04     <meta charset="utf-8">
05   </head>
06   <body>
07     <input type="number" value="100" id="price1">
08     <input type="number" value="100" id="price2">
09     <input type="number" value="" id="sum">
10
11     <script>
12
13     const price1 = parseInt(document.querySelector('#price1').value);
14     const price2 = parseInt(document.querySelector('#price2').value);
15     const sum = price1 + price2;
16     document.querySelector('#sum').value = sum;
17
18     </script>
19   </body>
20</html>
```

02 表示内容

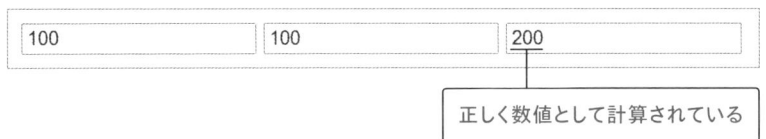

正しく数値として計算されている

　こうしたバグは、一見しただけでは発見するのは困難です。それぞれの変数に、どのような値が入っているのかを細かく確認していく必要があります。

　確認する方法の1つは、console.log()を利用して細かく値を出力することです。値を手軽に確認したいときに有効です。

　もう1つの方法は、breakpointを設定して、プログラムの実行を途中で止めて、そのときの変数の値を見ることです **03**。「Souces」タブでプログラムが書いてあるファイルを開き、行をクリックすると色が変わります。そしてHTMLファイルをリロードすると、その場所でプログラムが止まり、その時点での変数の値を確認できます。こうすれば、price1、price2、sumのすべてに「"」が付いており、文字列になっていることが確認できます。こうした情報をもとに、バグを取り除きます。

03 breakpointの設定

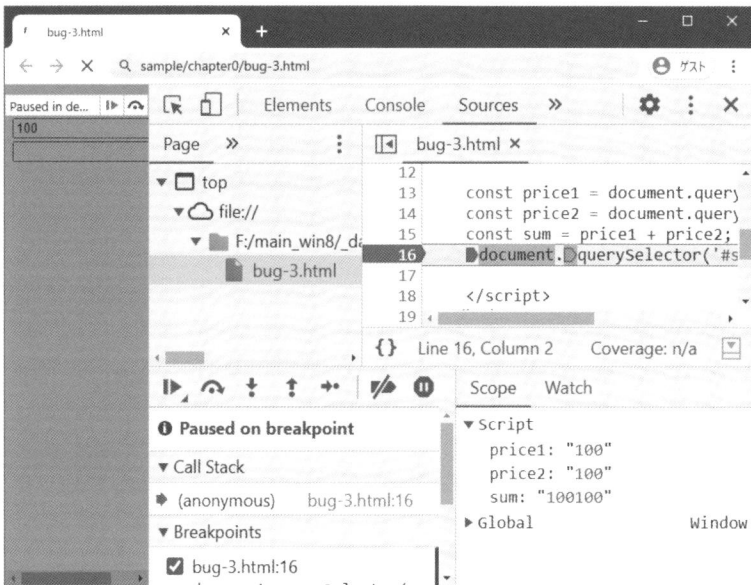

CHAPTER

1

JavaScriptの基本

数値の計算

JavaScriptにおける数値の計算について説明します。どういった仕組みで数値を扱っているのか、数値計算を行うどのような方法があるのかを紹介していきます。また、特別な数値についても説明します。

プログラムは、複雑な処理も行えますが、単純な数値の計算もできます。短い計算なら、わざわざファイルを作らなくても、Webブラウザのコンソールに式を入力するだけで答えを得られます。ちょっとした計算をしたいときは電卓がわりになります。そうした簡単な数値の計算から始まり、プログラムにおける数値について理解を広げていきます。

算術演算子

JavaScriptのプログラムでは、足し算、引き算、掛け算、割り算といった四則演算を行えます。それぞれ「+」(プラス)、「-」(マイナス)、「*」(アスタリスク)、「/」(スラッシュ)の記号を使います。また、割り算の余りを求める「%」(パーセント)もあります。割り算の余りは剰余(じょうよ)と呼びます。こうした計算を行う記号のことを**演算子(えんざんし)**と呼びます 01 。

01 演算子

演算子	意味	使い方	使い方の意味	答え
+	足し算	10+4	10足す4	14
-	引き算	10 - 4	10引く4	6
*	掛け算	10 * 4	10掛ける4	40
/	割り算	10 / 4	10割る4	2.5
%	剰余	10 % 4	10割る4の余り	2
**	べき乗	10 ** 4	10の4乗	10000

MEMO
べき乗の演算子は、ES2016で追加されました。

JavaScriptでは、割り算を行った結果、割り切れなかったときは小数点の付いた数値になります。プログラミング言語によっては整数から整数を割ったとき、端数を切り捨てて整数にするものもあります。JavaScriptで整数を得たいときは、次の命令(Mathオブジェクトの静的メソッド)を使います 02 。

02 整数を得るための命令

命令	意味
Math.trunc(n)	数値nの整数部を返す。
Math.floor(n)	数値n以下の最大の整数を返す。 正の整数の場合は小数点以下を切り捨て。
Math.ceil(n)	数値n以上の最小の整数を返す。 正の整数の場合は小数点以下を切り上げ。
Math.round(n)	数値nを四捨五入して返す。

　計算の順序についても説明します。計算は左から順番に解決していきます。それとは別に、演算子には優先順位があります。たとえば「*」「/」「%」の演算子は、「+」「-」よりも優先順位が高いです。そのため「*」「/」「%」のほうが、「+」「-」よりも先に計算されます。

　以下の計算式は、30+20ではなく20*2が先に計算されます **03** 。

03

```
30+20*2+10
```

Console

```
80
```

　以下に、計算の過程を分解して書きます。

```
30  +  20 * 2 + 10
           ↓
30  +     40   + 10
    ↓
    70         + 10
         ↓
         80
```

　こうした優先順位を変更する方法として「( )」（丸括弧）があります。「( )」で囲うと、その場所が先に計算されます。以下の計算式は30+20が先に計算されます **04** 。

04

```
(30+20)*(2+10)
```

`Console`

```
600
```

以下に、計算の過程を分解して書きます。

```
(30 + 20)  *  (2 + 10)
    │
    ▼
   50       *  (2 + 10)
                  │
                  ▼
   50       *     12
    └──────────────┘
         │
         ▼
        600
```

JavaScriptには多くの演算子があります。それらについては、のちほど説明します。

整数と浮動小数点数、数値の範囲

この節は、難しいと感じたら、読み飛ばしてかまいません。JavaScriptの数が、どのようになっているのかを解説したものです。知らなくてもプログラムは書けます。数値についてのバグが発生したときに読むと、知識が役立つでしょう。

数学で習った数には、整数と実数がありました。整数は「1、2、3……と続く自然数」「0」「自然数にマイナス符号を付けた数」を合わせたものです。簡単にいうと小数点が付かない数です。実数は、数学的には有理数と無理数を合わせたものとなります。こちらも簡単にいうと小数点の付く数です。

プログラムで数値が出てくるときには、整数と浮動小数点数という2種類の数が、主に出てきます。プログラムで扱う数は、数学で扱う数とは少し違います。プログラムで数を表すときは、メモリーにデータを確保して表現するので有限です。「ある数から、ある数までは使える」「それ以外は使えない」と範囲が決まっています。

プログラムではintという整数の種類がよく出てきます。intは0と1で表す1bitが32個分（4byte分）のメモリーを使います。そして、-2,147,483,648から2,147,483,647までの数を表現します。

またlongという整数の種類も出てきます。こちらは64bitで、

-9,223,372,036,854,775,808から9,223,372,036,854,775,807までの数を表現します。

　それぞれ正の数の方が1少ないのは、0を表す分だけ短くなっているからです。

　プログラムでは、もう1つ浮動小数点数という数が出てきます。こちらは実数を表現する方法です。メモリーを「正負の符号を表す部分」「基準の数の何乗かを表す部分」「数字の部分」に分けて使用します。実際の計算とは少し違いますが、-123.456という数を、-1、10の-2乗、1.23456のように分けて、別々に表現するような方法です。

　この方法では、32bitを使うfloatと、64bitを使うdoubleがあります。小数点の付いた多様な数を表現できますが、それぞれ有効な桁数があります。

　浮動小数点数は2進数（P.24参照）で数を管理しているため、私たちがふだん使う10進数を正確には表現できません。そのため、よく知られていることですが誤差が出ます。たとえば0.1 + 0.2の計算結果は、0.30000000000000004になります。こうした誤差のことを**丸め誤差**と呼びます。

　多くのプログラミング言語では、整数と浮動小数点数を分けて使います。しかし、JavaScriptでは、数値は浮動小数点数で表します。そのため使い分けを意識する必要はありません。

　JavaScriptではメモリーの内容を見ることで、整数か小数点付きの数かを区別します。そして、整数と整数を計算したときには、きちんと整数として結果を出します。そのため整数どうしを計算したときは、先ほどのような丸め誤差は発生しません。

　JavaScriptで正確に扱える数の範囲は、Number.MAX_SAFE_INTEGER（$2^{53} - 1$）から、Number.MIN_SAFE_INTEGER（$-(2^{53} - 1)$）です。この範囲から外れると、正しい計算ができなくなります。ふだんプログラムを書く範囲では、気にする必要はありません。

数の表現

　JavaScriptでは、小数点が付かない数と、小数点が付く数の両方を扱えます。また、いくつかの書き方で数を表現できます。プログラム中に書く数値の書き方は**数値リテラル**と呼ばれます。もっとも簡単な数の表現は、整数や小数点の付いた数値です。

MEMO
数値についてはNumberのほかにもう1つ、巨大な数値を表すBigIntという型もあります。

```
123
123.456
```

また、数の前に「0x」(ゼロ、エックス) と付けると、16で桁が上がる16進数で数値を書けます。同じように、いくつかの進数で数を書くことができます 。

初心者が自分で書くことは少ないでしょうが、他人のコードを読むときに出てくるかもしれません。また、16進数はCSSの色の指定で出てくるので、使うこともあるでしょう。それぞれアルファベット部分は、大文字でも小文字でもかまいません。

05 進数と数の表現

先頭	意味	例	10進数
0x	16進数	0xF	15
		0x10	16
		0x11	17
0o	8進数	0o7	7
		0o10	8
		0o11	9
0b	2進数	0b1	1
		0b10	2
		0b11	3

COLUMN   進数

ふだん私たちが使っている数の数え方は、10で桁が1つ上がる10進数と呼ばれるものです。それに対して、コンピューターでは、内部的に0と1で数を管理しているために、2進数という2で桁が上がる数が使われています。しかし、2で桁が上がると、文字として書くとすぐに長い桁数になるので不便です。そのため人間がプログラムを書くときは、16で桁が上がる16進数がよく使われます。16は2^4なので、2進数4桁分になります。

16進数は16で桁が上がりますが、算用数字は0から9までしかありません。そのため9以降は、ABCDEFという文字を使います。0、1、2、3、4、5、6、7、8、9、A、B、C、D、E、Fまでくると、桁が1つ上がります。

桁数が多い数値を特別な書き方で書くこともあります。数e数と書くと、「数×10^数」の意味になります。

```
123e4        123×10000    「1230000」の意味
123e-4       123×0.0001   「0.0123」の意味
```

特別な数値 NaN

JavaScriptでは、NaNという特別な数値がよく出てきます。NaNは、Not-A-Number（非数）を表す値です。計算結果が数値で表現できないときに、この値になります。

たとえば'cat'＊'dog'のように、数値として計算できない計算の結果は、NaNになります。また、0/0（0を0で割る）のように、答えを出せない計算のときもNaNになります。

NaNは数値ですが、どのような計算をしてもNaNになります。NaN + 1もNaNですし、NaN - NaNもNaNです。どこかで計算がNaNになると、以降その計算はすべてNaNになります。JavaScriptでは、数値がNaNであるかを確かめる命令があります。Number.isNan()を使うと、その値がNaNであるか確かめられます。

MEMO
プログラム言語によっては、0/0のような計算はエラーになり、処理が止まります。JavaScriptではNaNになり、処理がそのまま続きます。

chapter1/number/is-nan.html

```
07     // 値がNaNか確認してコンソールに出力
08     console.log(Number.isNaN(1 + 1));
09     console.log(Number.isNaN(0 / 0));
10     console.log(Number.isNaN(NaN));
11     console.log(Number.isNaN(NaN + 1));
```

Console

```
false
true
true
true
```

MEMO
「//」から右の部分はコメントです。コメントについては、P.72を参照してください。

特別な数値には、無限大を表すInfinityもあります。こちらはNaNほど多くは出てきません。

文字列の表現

JavaScriptの文字列について説明します。文字列の簡単な書き方や、プログラムを埋め込んだ書き方を紹介します。また、文字列と数値の相互変換についても解説します。

文字列

プログラムでは、数値と同じように文字もよく使います。そして文字1つだけということは少なく、ほとんどの場合、単語であったり文章であったり複数の文字を扱います。そうした、いくつかの文字が集まったデータのことを**文字列**と呼びます **01**。文字列は文字が0個の場合も含みます。JavaScriptでは、文字単体で扱うことはなく、文字は文字列として扱います。

01 文字列

C	a	t

複数の文字の文字列
（長さ3）

C

1つの文字でも文字列
（長さ1）

空の文字でも文字列
（長さ0）

MEMO
プログラミング言語によっては、文字と文字列は別の型になっています。

文字列リテラル

JavaScriptでは、文字列は「'」（シングルクォーテーション）か「"」（ダブルクォーテーション）で囲います。こうした文字のデータのことを、**文字列リテラル**と呼びます。

```
'文字列'
"文字列"
```

文字列は「+」（プラス）記号で結合します。文字列を結合すると新しい文字列ができます。結合の途中で数値など、文字列以外をつなげることもできます。その場合は、それぞれのデータは文字列化されて、文字列に結合されます。

```
'得点は' + 123 + '点！'
        ↓
'得点は123点！'
```

　文字列の途中で改行したいときは「\n」（バックスラッシュ、エヌ）を、改行したい場所に入れます。タブ文字を入れたいときは「\t」（バックスラッシュ、ティー）を入れます。

MEMO
バックスラッシュについては、P.16のMEMOを参照してください。

```
'文字列\n文字列'
```

テンプレートリテラル

　文字列の書き方は、文字列リテラル以外にもう1つあります。ES6（ES2015）で登場した**テンプレートリテラル**（テンプレート文字列）です。この方法では、文字列を「`」（バッククォート）で囲います。

MEMO
「`」は「 Shift +@ 」で入力できます。

　この方法では、改行文字を使わずに、そのまま改行ができます（改行文字を使ってもかまいません）。また、「${ }」（ドル、波括弧）と書くことで、「{ }」の中にJavaScriptのプログラムを直接埋め込むことができます。

MEMO
こうした改行や値を含む文書を埋め込む書き方は、多くのプログラミング言語にあります。

```
`1年間の分の長さは
${365 * 24 * 60}分です`
        ↓
'1年間の分の長さは
525600分です'
```

　多くの場合、「${ }」の中には変数を書きます。変数については、P.58で詳しく説明します。

文字列と数値の相互変換

　JavaScriptには、文字列から数値へ、数値から文字列へ変換する方法が用意されています。次の表で変換方法を示します。

02 文字列と数値の変換方法

変換方法	変換内容
parseInt(s)	文字列sを整数に変える。先頭から見ていき、整数にできる文字のところだけが対象。
parseFloat(s)	文字列sを小数点数に変える。先頭から見ていき、小数点数にできる文字のところだけが対象。
n.toString()	数値nを文字列に変える。
n1.toString(n2)	数値n1を、数値n2の進数の文字列に変える。
n1.toFixed(n2)	数値n1を、小数点 数値n2 桁までの文字列に変える。

数値.toString()や、数値.toFixed()は、次のように使います。

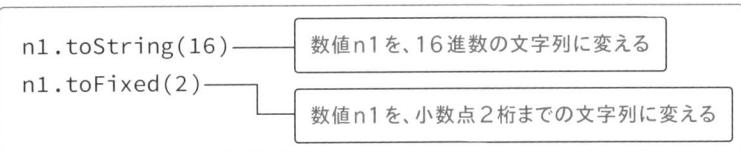

例をコードで示します。変換されたのかがわかりにくいので、値の型を調べるtypeof演算子を使い、型の種類も示します。

まずは文字列を数値に変換します。文字列を先頭から見ていき、parseInt()は整数にできる文字までを、parseFloat()は小数点数にできる文字までを数値に変えます。数値にできる文字で始まらない場合はNaNを返します。

`chapter1/string-num/string-to-num.html`

```
07    // 文字列を数値に変換 parseInt
08    console.log(parseInt('123.456abc'), typeof parseInt('123.456abc'));
09    console.log(parseInt('abc123.456'), typeof parseInt('abc123.456'));
10
11    // 文字列を数値に変換 parseFloat
12    console.log(parseFloat('123.456abc'), typeof parseFloat('123.456abc'));
13    console.log(parseFloat('abc123.456'), typeof parseFloat('abc123.456'));
```

`Console`

```
123 "number"
NaN "number"
123.456 "number"
```

```
NaN "number"
```

　次は数値を文字列に変換します。数値は「( )」（丸括弧）で囲っています。数値の書き方には、実は「16.」（16の意味）や、「.1」（0.1の意味）のような書き方もあります。そのため16.toString()と書くと、「16」「.toString()」ではなく、「16.」「toString()」と読めるために、エラーになってしまいます。そのため「( )」で囲っています。

chapter1/string-num/num-to-string.html

```
07    // 数値を文字列に変換 toString
08    console.log((123.456).toString(), typeof (123.456).toString());
09    console.log((16).toString(16),    typeof (16).toString(16));
10
11    // 数値を文字列に変換 toFixed
12    console.log((123.456).toFixed(1), typeof (123.456).toFixed(1));
13    console.log((123.456).toFixed(),  typeof (123.456).toFixed());
```

Console

```
123.456 string
10 string
123.5 string
123 string
```

変数

03

JavaScriptの変数について説明します。変数には細かなルールがあります。変数の宣言や、変数に値を入れる代入、有効範囲であるスコープなど、さまざまなルールについて学んでいきます。

▼ 変数とは

プログラムには、いくつか重要な仕組みがあります。その1つが**変数**です。

たとえば宅配便は、箱に宛名を書けば、箱の中身を問わず目的地に届けることができます。宅配便の業者は、箱をトラックに載せて物流ターミナルに移動し、そこから離れた場所の物流ターミナルに運びます。1つ1つの荷物を区別せずに、同じことをしてくれます。

プログラムも似た仕組みを持っています。変数という箱に当たるものに値を入れて、中身を区別せずに同じ計算や処理を行います **01**。そうすることで、一度書いたプログラムを、さまざまな値に対して使えるようになります。

01 宅配便と変数

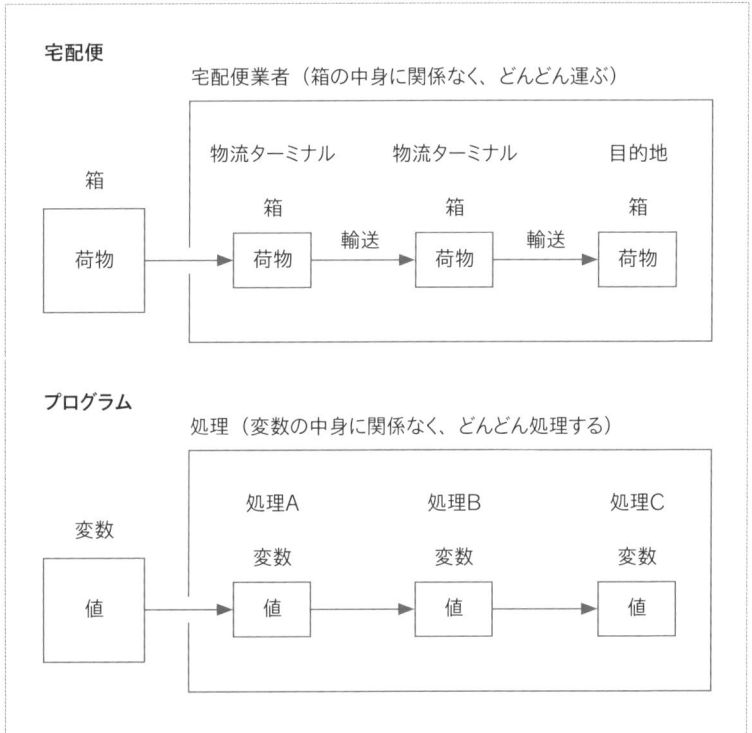

　変数を使わずにプログラムを書くと、計算や処理の中に値を書き込まなければなりません。その場合、新しい値を使うには、処理を書き直さなければなりません。

　しかし変数を使えば、処理と値を分けて書けます。新しい値を使いたければ、変数に値を入れるだけで済みます **02**。

　プログラムでは、一度書いたら次から楽ができるように、なるべく処理を使い回せるようにします。変数は、そのために必要な仕組みです。

02 値と処理を分ける

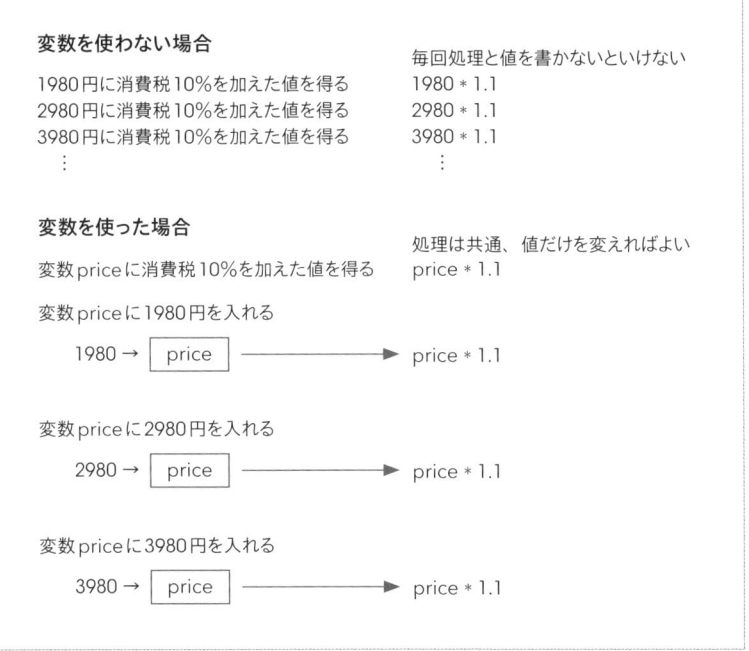

変数宣言と代入

　変数を使うには、プログラムのどこかで「この変数を使います」と**宣言**しなければなりません。そして、その変数に値を入れなければなりません。変数に値を入れることを**代入**と呼びます。

　変数宣言を行うときは、letと書いて変数の名前を書きます。

```
let 変数名
```

代入するときは、左に変数名を書き、「＝」（イコール）を書いて、右に値を書きます。一度宣言した変数は、あとから何度でも値を書き換えられます。

```
変数名 = 値
```

また、変数宣言と値の代入は同時にできます。

```
let 変数名 = 値
```

以下に例を示します。名前と価格を表示するシンプルなプログラムです。

chapter1/variable/let.html

```
07    // 変数の宣言と、値の代入
08    let name = 'チョコレートケーキ';
09    let price = 560;
10
11    // コンソールに出力
12    console.log(`商品名 ${name} , 値段 ${price} 円`);
13
14    // 値の代入
15    name = 'チーズケーキ';
16    price = 520;
17
18    // コンソールに出力
19    console.log(`商品名 ${name} , 値段 ${price} 円`);
```

Console

```
商品名 チョコレートケーキ , 値段 560 円
商品名 チーズケーキ , 値段 520 円
```

変数宣言には種類があります。letとconstとvarです **03** 。この中でvarは古いものなので、新たにプログラムを書くときは使わず、letかconstを使いましょう。constは、定数変数という特別な変数を作ります。定数変数は、単純に**定数**と呼びます。

constを使うときは、変数宣言と代入を一緒にしなければなりません。そして、あとで値を代入できません。2回目以降、値を代入することを**再代入**と呼びます。constで作った定数は、値が固定で再代入できません。

```
const  変数名  =  値
```

```
const  変数名  =  値
変数名  =  値 ──────── こうした再代入はできない
```

03 変数宣言の種類

変数宣言	内容
let	変数を宣言する。再代入ができる。
const	定数変数を宣言する。再代入ができない。
var	変数を宣言する。再代入ができる。 古い方式なのでletやconstを使うこと。

　プログラムの処理の途中で値を書き換えない変数は、constで定数にしてください。書き換えるべきでない変数をletで宣言すると、間違って値を代入してしまいバグの原因になります。constで書けるところはconstで書いておけば、こうしたミスを減らせます。

波括弧とスコープ

　変数を宣言すると変数が使えるようになります。この変数は、どこでも使えるわけではありません。有効な範囲があります。この有効範囲のことを**スコープ**と呼びます。変数をスコープの範囲内で使うのは問題ありません。しかし、スコープの外で使うとエラーが起きます。では、変数の有効範囲は、どこからどこまでなのかという話をします。

　JavaScriptのプログラムは「{ }」（波括弧）を使ってブロック（処理のまとまり）を作ります。「{ }」は、条件分岐のif文や、くり返し処理のfor文などで登場します。if文やfor文は、のちほど紹介します。

04 ブロックスコープ

```
if ( 条件式 ) {

    ↕  ブロックスコープ

}

for ( 初期化式 ; 条件式 ; 変化式 ) {

    ↕  ブロックスコープ

}

{

    ↕  （処理が書いてある）
       ブロックスコープ

}
```

「{ }」で囲った範囲はブロックスコープと呼びます 04 。ifやforという構文が付いていないただの「{ }」の中に処理が書いてある場合も、ブロックスコープになります。

「{ }」は、オブジェクトというデータのまとまりを作るのにも利用します。こちらはブロックスコープではないので注意が必要です。ブロックスコープは、「{ }」の中に処理が書いてあるときだけです。オブジェクトについては、のちほど紹介します。

また、スコープには関数スコープというものもあります 05 。こちらもスコープの一種です。

05 関数スコープ

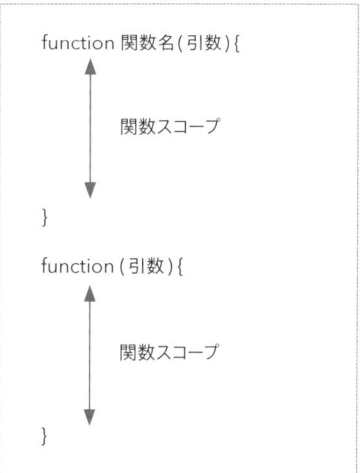

それでは、スコープの範囲内と範囲外で変数を使うと、どうなるのかを見ていきましょう。

`chapter1/scope/scope.html`

```
07    console.log('start');
08
09    {
10        let item = 'チョコレート';
11        console.log(item);   // スコープ内で使用
12    }
13    console.log(item);   // スコープ外で使用
14
15    console.log('end');
```

Console

```
start
チョコレート
Uncaught ReferenceError: item is not defined
    at scope.html:12
```

12行目で「itemが未定義です」というエラーが出ています。変数itemを宣言したスコープの外でitemを使ったので、「itemという変数は宣言していないです」とエラーが出ています。

逆に、入れ子になったスコープの中では、変数はそのまま使えます。

chapter1/scope/scope-nest.html

```
07    console.log('start');
08
09    {
10        let item = 'チョコレート';
11        console.log(item);    // スコープ内で使用
12        {
13            console.log(item);    // 入れ子のスコープ内で使用
14        }
15    }
16
17    console.log('end');
```

Console

```
start
チョコレート
チョコレート
end
```

注意しなければならないのは、スコープの中で、再び同じ名前の変数を宣言したときです。下の階層のスコープでは、新しい変数の値が使われます。これはわかりにくいので、次の例をよく見てください。

chapter1/scope/scope-nest-variable.html

```
07    console.log('start');
08
09    {
10        let item = 'チョコレート';
11        console.log('1-1:', item);    // 上の階層のitem
12        {
13            let item = 'キャンディー';
14            console.log('  2-1:', item);    // 下の階層のitem
15            {
16                console.log('    3-1:', item);    // 下の階層のitem
17            }
18            console.log('  2-2:', item);    // 下の階層のitem
19        }
20        console.log('1-2:', item);    // 上の階層のitem
21    }
22
23    console.log('end');
```

Console

```
start
1-1: チョコレート
  2-1: キャンディー
    3-1: キャンディー
  2-2: キャンディー
1-2: チョコレート
end
```

　2-1、3-1、2-2がキャンディーになっています。そして最後の1-2はチョコレートになっています。入れ子の階層が終わったあと、変数itemの値は、同じ階層で代入した「チョコレート」に戻ります。

　こうした挙動は、プログラムに慣れた人でも、思わず間違えてしまいます。スコープの外と内で、同じ変数名を使うのは混乱のもとなので、なるべく避けた方がよいです。

　また、letやconstでの変数宣言は、同じ階層のスコープ内では1回のみです。例を見てみましょう。

chapter1/scope/scope-redeclarations.html

```
07    console.log('start');
08
09    {
10        let item = 'チョコレート';
11        console.log(item);
12
13        let item = 'キャンディー';
14        console.log(item);
15    }
16
17    console.log('end');
```

Console

```
Uncaught SyntaxError: Identifier 'item' has already been declared
```

「itemはすでに宣言されています」とエラーが出ます。このように、2回以上変数を宣言することを**再宣言**と呼びます。こうしたことはできません。

COLUMN　　古い変数宣言var

　letとconstのスコープは、ブロックスコープと関数スコープの両方でした。しかし、古い変数宣言のvarのスコープは、関数スコープのみです。そのため、変数が有効な範囲はとても広いものでした。また、varは再宣言ができました。

　範囲が広く、再宣言ができたため、思わぬところで変数を再宣言して上書きするというミスが多発していました。

　こうしたミスをletとconstは大幅に減らしてくれます。新しい変数宣言が登場したのには、こうしたミスを、プログラミング言語の仕様のレベルで減らすという目的があったからです。

変数宣言	スコープの種類	スコープの広さ	再宣言	再代入
let	ブロックスコープと関数スコープ	狭い	できない	できる
const	ブロックスコープと関数スコープ	狭い	できない	できない
var	関数スコープ	広い	できる	できる

インデント

　インデントは字下げとも呼ばれます。行の書き始めを一定量ずらすことで、文章中の箇条書きや引用部分をわかりやすくできます。プログラミング言語によっては、インデントがプログラムの構造を表すことがあります。JavaScriptでは、インデントにそうした機能はありません。しかし、インデントを使うことで、読みやすいプログラムを書くことができます。多くの場合、スコープごとにインデントして、同じ階層が一目でわかるようにします。

　インデントの例を見てみましょう 06 。

06 インデントの例

```
01    function check(num) {
02        let res = 0;
03        if (num < 0) {
04            res = 'error';
05        } else {
06            if (num % 2 == 0) {
07                res = 'even';
08            } else {
09                res = 'odd';
10            }
11        }
12        return res;
13    }
```

　プログラム中でインデントを行う方法は、大きく分けて2種類あります。1つ目はタブ文字を使う方法です。2つ目は半角スペースを使う方法です。4文字分、あるいはその他の文字数分の半角スペースを入れることで、インデントを行います。

　プログラミング言語によっては、どちらかにルールが決まっていることもあります。JavaScriptではとくにルールはありません。しかし、1つのプログラムを書くときは、どちらかに統一したほうがよいです。また会社など、2人以上のメンバーでプログラムを書くときは、組織のルールに合わせましょう。

値の型

04

JavaScriptでは、さまざまな値の型が出てきます。型とはデータの種類のことです。すでに数値と文字列という2つの型を学んでいます。JavaScriptには、7種類の基本的な型（プリミティブデータ型）と、オブジェクトがあります。

▼ プリミティブデータ型

　プリミティブデータ型 **01** の中で、ふつうのプログラムで使うのは、Number、String、Booleanの3種類、そして、Null型のnull、Undefined型のundefinedの2つです。

01 プリミティブデータ型

型の種類	内容
Number	数値
String	文字列
Boolean	真偽値
Null	存在しない、無効を表す値
Undefined	未定義を表す値
BigInt	大きな数値を扱う
Symbol	シンボル値

Boolean

　Booleanは真偽値（しんぎち）と呼ばれるデータ型です。真と偽の2つの値を取り、判定の結果が正しいか間違っているかを表す値として使います **02**。真偽値は、あとで説明する条件分岐とともに、プログラムの流れを制御するのに用います。

02 Boolean

真偽	書き方	読み	意味
真	true	トゥルー	正しい
偽	false	フォルス	間違っている

null

nullは、存在しない、または無効を表す値です。関数（命令）の結果として、nullが得られることがあります。

undefined

undefinedは、未定義を表す値です。変数を宣言したものの値を設定していないとき、その変数の中身はundefinedになります。ほかにも、値が入っていないことを表す値として、undefinedは使われます。

nullとundefinedは似ているように見えますが、用途が違います。

▼ オブジェクト

オブジェクトは単純な値ではなく、中にいくつかのデータを持ちます **03**。オブジェクトの中にあるデータは、プロパティと呼ばれます。プロパティは、名前と値がセットになっています。

03 オブジェクト

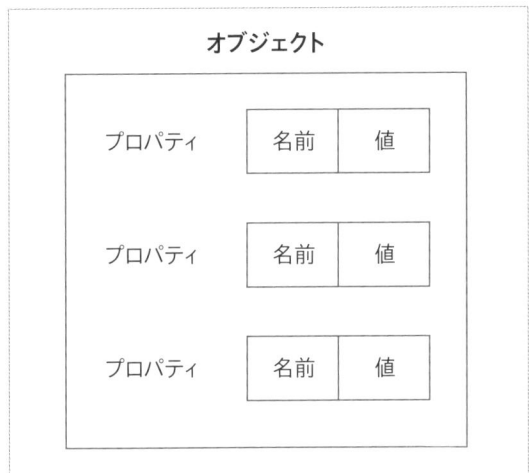

文字列を「'」などの記号で囲うように、オブジェクトは「{ }」（波括弧）で囲って書きます。「{ }」の中で、各プロパティは「,」（カンマ）で区切ります。プロパティは「名前：値」のように、「:」（コロン）を使って名前と値を書きます。この書き方を、**オブジェクトリテラル**と呼びます。

オブジェクトのプロパティを利用するには、「オブジェクト.プロパティ名」と書くか、「オブジェクト['プロパティ名']」と書きます。

```
07      // オブジェクトを作成
08      const cat = {name: 'タマ', age: 3, color: 'black'};
09
10      // プロパティの値をコンソールに出力
11      console.log(cat.name);
12      console.log(cat['age']);
```

Console

```
タマ
3
```

プロパティの値がオブジェクトのときは入れ子構造になります。そのときは「オブジェクト.プロパティ名.プロパティ名」「オブジェクト['プロパティ名']['プロパティ名']」のように書きます。「.」と「[ ]」の書き方を混ぜることもできます。

```
07      // ネストしたオブジェクトを作成
08      const animal = {
09          cat: {name: 'タマ', age: 3, color: 'black'},
10          dog: {name: 'ポチ', age: 4, color: 'orange'}
11      };
12
13      // プロパティの値をコンソールに出力
14      console.log(animal.cat.name);
15      console.log(animal['cat']['age']);
16
17      // 混ぜた書き方で書いてコンソールに出力
18      console.log(animal['dog'].color);
19      console.log(animal.dog['color']);
```

Console

```
タマ
3
orange
orange
```

オブジェクトリテラルの中に変数の値を入れたいときには、短い書き方があ

ります。変数名だけを書けば、変数名をプロパティ名、変数の値をプロパティ
の値にすることができます。

chapter1/object/object-3.html

```
07    // 変数を宣言して、値を代入
08    const name = 'タマ';
09    const age = 3;
10
11    // オブジェクトを作成
12    const cat = {name, age};
13
14    // コンソールに出力
15    console.log(cat.name);
16    console.log(cat.age);
```

Console

```
タマ
3
```

　プロパティの値が関数（命令）のとき、そのプロパティのことを**メソッド**とも
呼びます。

▼ 配列

　プログラムのデータ形式で、よく使われるものに**配列**があります `04`。配列
の中のデータのことを**要素**と呼びます。配列はデータが順番に並んでいて、
先頭のデータのことを要素0、次のデータのことを要素1と、順番に呼んでい
きます。先頭を0と数えるのが、現実世界とは違います。配列の要素の数は
要素数といいます。
　配列は、ちょうど人が一列に並んでいるようなものです。データに対して次々
と同じことをしていく処理に向いています。プログラムでは、大量のデータを扱
うときに配列を利用します。

04 配列

配列					要素数は6
要素0	要素1	要素2	要素3	要素4	要素5
値	値	値	値	値	値

注意！

先頭が0というものは、プログラムでよく出てきます。プログラムの初心者は間違えやすいところです。

　配列は「[ ]」（角括弧）で囲って書きます。各要素は「,」（カンマ）で区切ります。この書き方を、**配列リテラル**と呼びます。

　JavaScriptでは、配列はオブジェクトの一種です。要素数を表す.lengthプロパティを持ち、0から順番にプロパティが並んでいます。配列の要素を使うには「配列[要素番号]」と書きます。この要素番号のことを添え字と呼びます。

`chapter1/array/array.html`

```
07    // 配列を作成
08    const cat = ['タマ', 'ミケ', 'トラ'];
09
10    // 配列の要素数と要素0をコンソールに出力
11    console.log(cat.length);
12    console.log(cat[0]);
```

`Console`

```
3
タマ
```

　配列には、連番のデータだけでなく、それらを使って処理するメソッドも付いています。「配列.メソッド名()」と書くことで、さまざまな処理を行えます。詳しくは、のちほど説明します。

MEMO

メソッドは、オブジェクトのプロパティになっている関数のことです。

コメント

JavaScriptのコメントについて紹介します。プログラミング言語の仕様としての書き方だけでなく、どのようなときに書くのかという指針も示していきます。初心者向けのアドバイスも添えています。

▼ コメントとは

　プログラムには「データ」や「処理」以外に「コメント」も書きます。コメントとは、説明や覚書のことです。プログラムの中に、コメントを書いておくことで、あとで見直したときに、どのような意図で書いたプログラムなのか、どのような注意事項があるのか、すぐにわかるようになります。

　コメントはプログラムの中で、プログラムとして解釈されない部分です **01**。JavaScriptエンジンは、コメントを無視して処理します。

01 コメント

プログラム	プログラム	プログラム
プログラム	コメント（無視する）	
プログラム	プログラム	プログラム

コメント（無視する）

プログラム	プログラム	プログラム
プログラム	プログラム	プログラム

　プログラムは書いた本人以外に、他人も読むことがあります。ほかの人がプログラムを理解する手掛かりになる情報が必要です。また書いた本人でも時間が経ってから読むと、何を意図して書いたのかわからなくなることもあります。半年後の自分は、他人だと思ったほうがよいです。未来の自分に伝えるためにもコメントを書いておいたほうがよいです。

▼ コメントの書き方

　JavaScriptでは、コメントは2つの方法で書けます。1つ目は「//」です。各行では、この記号を書いた右側はプログラムとして解釈されず、コメントとして扱われます 02 。

02

```
01    // ここはコメント
02    const item = 'チョコレート';  // ここもコメント
```

　2つ目は「/* */」です。この記号ではさまれた領域は、プログラムとして解釈されず、コメントとして扱われます 03 。「//」と違い、複数行にわたって有効です。また、行の途中にコメントを入れることもできます。

03

```
01/*
02    ここはコメント
03    ここはコメント
04*/
05    const cat = {name: 'タマ', age: 3 /* ここはコメント */ };
```

　行の途中にコメントの記号があっても、文字列の中であればコメントとはみなされません 04 。

04

```
01    const url = 'https://google.com';
02    const text = 'コメントは /* */ で書けます。';
```

▼ 細かな説明を書くかどうか

　多くの、中級者、上級者向けの解説では「コードを読めばわかることはコメントで説明しない」と書いてあります。同じことを2度書く必要はないというのが理由です。しかし、こうしたスタイルは、ある程度プログラムがわかっている

人向けのやり方です。

　英語やドイツ語を初めて習う人に、「読めばわかるから、辞書を引いた結果を逐一書き込まない」とすすめても、「いや書かないとわからないし」となります。入門者は、コードを読み解くのに非常に時間がかかります。そのため、プログラムを書き始めの人は、何をしているのか1つずつコメントを書いておくのも手です。

コメントを書く基準

　プログラムは多くの場合、数行の手順を経て、何か1つのことをしていることが多いです。そうした処理のグループごとに、最初の行に何をしているのか書いておくとわかりやすいです。そうすれば、記入部分をタイトルとして拾い読みするだけで、どのような処理をしているのか短時間で理解できます。逆に、大きな流れをコメントで先に書いておき、その流れを埋めるようにプログラムを書くという方法もあります。

　関数（長い処理をまとめた命令）の冒頭には、どういった処理を行うのか書いておくとよいです。引数（関数を呼び出すときの値）や、戻り値（関数が終わったときに返す値）があるときは、その説明が書いてあると使いやすいです。

　ぱっと見ただけではわからないような処理は、簡単な説明を書いておくとよいです。また、解説が掲載されたWebページのURLを書いておくのも手です。アスキーアートで簡単な図を添えるのもよいでしょう。

　2人以上でプログラムを書くときは、そのグループのルールに合わせます。コメントについても規則があることが多いので、その規則に従います。

　以下に、コメントを書く基準をまとめます。

・ルールがあるなら、ルールに従う。
・ぱっと見ただけではわからない意図や注意事項があるときは、伝達事項を書いておく。
・ほかの場所から呼ばれる関数（命令）は、その仕様を書いておく。
・大きな流れがわかるコメントを、コードの要所々々に入れる。
・初心者のうちはコードを読むのが大変なので、各コードの意味を細かく書いておくのもあり。

MEMO
関数、引数、戻り値については、P.75〜76で詳しく説明します。

関数

06

JavaScriptの関数について紹介します。JavaScriptでは関数についての仕様がとても多いです。ビルトイン関数やユーザー定義関数、引数や戻り値。そうした用語とともに、さまざまな書き方や利用の仕方について学んでいきます。

▼ 関数とは

　人類はプログラムという方法を考え出してから、徐々に長いプログラムを書くようになりました。それにはハードウェアの性能が徐々によくなり、長いプログラムを書けるようになったという理由があります。それとともに、プログラムにさまざまな手法が取り入れられ、長いプログラムを書いても破綻しなくなったという背景があります。

　そうした長いプログラムを書く手法の1つが**関数**です。プログラムの処理をひとまとめにして、ほかの場所から呼び出せるようにしたものです `01`。この仕組みのおかげで、同じ処理を何度も書かずに済むようになりました。そして、プログラムが短くなり、見通しがよくなりました。

`01` 処理を関数にまとめる

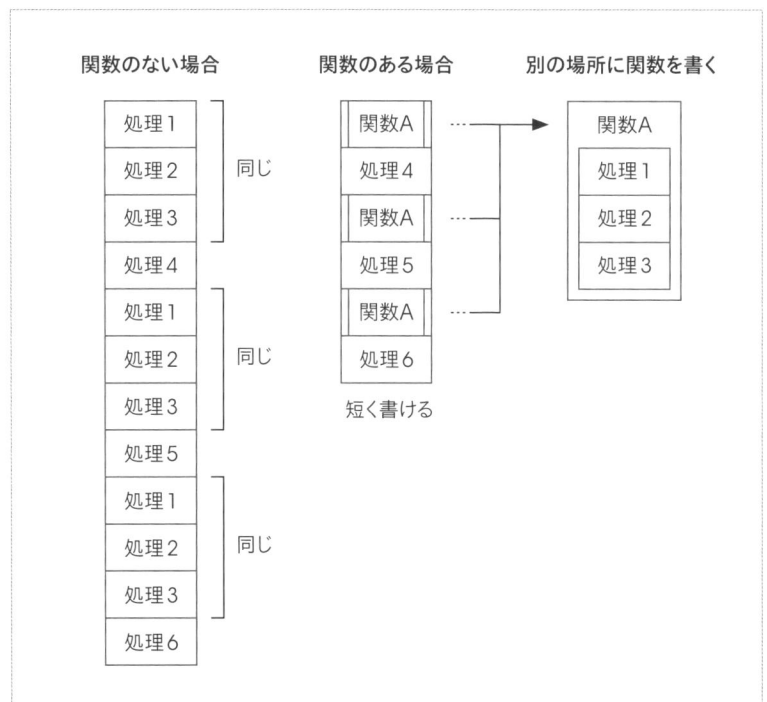

関数は、処理をまとめるだけではありません。関数を呼び出すときに値を与えて、その値によって、違う結果を受け取ることができます。この入力する値を**引数**（ひきすう）と呼び、結果として出力される値を**戻り値**（もどりち）あるいは**返り値**（かえりち）と呼びます。入力と処理と出力がセットになったものが関数です 02 。

02 関数の構造

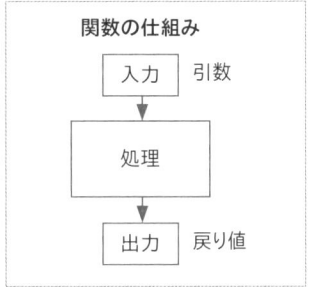

MEMO
JavaScriptでは、引数はなくてもかまいませんし、2つ以上でもかまいません。戻り値はなくてもよいですが、何か戻すときは1つの値しか戻せません。

関数の種類

JavaScriptの関数には、大きく分けて2つの種類があります。1つ目は、JavaScriptに初めから用意されている**ビルトイン関数**（組み込み関数）です。また、ビルトインオブジェクトという、初めから用意されているオブジェクトのメソッドも、同じように利用できます。これらは、プログラムを書く人が、初めから利用できる特別な関数です。

ビルトイン関数や、ビルトインオブジェクトのメソッドを、すべて覚えて使いこなすのは難しいです。そしてすべて覚える必要もありません。あの機能があったな、と何となく覚えておき、その都度探して使えばよいです。

MEMO
メソッドは、オブジェクトのプロパティになっている関数のことです。

関数の2つ目は**ユーザー定義関数**です。自分で関数を作り、利用するものです。ある程度の規模のプログラムを書くときは必要になります。よく使う処理は、行数が短くても関数にしたほうが便利です。

ほかの場所で使うことがない処理でも、長いならいくつかの関数に分けて、それらを順番に呼び出すと、プログラムの見通しがよくなります。

筆者の経験則ですが、100行を超えるようなプログラムは、関数に分割したほうがよいです。ぱっと見て処理の内容がわからないですし、メンテナンスをするときも大変です。100行だと、パソコンの画面でだいたい3画面分ぐらいです。人間が頭の中で簡単に理解できる限度は、これぐらいだと思います。200行、300行、1,000行と続くような処理は、人間には扱いづらいので、関数にして分けたほうがよいです。

コメントの説明で、数行のブロックごとに、その処理を説明したコメントを置いたほうがよいと書きました。同じように、まとまった処理は関数にしてプログラムの見通しをよくすると、プログラムの管理が楽になります。

・よく使う処理は関数にまとめる。
・長い処理は関数に分ける。

ビルトイン関数

JavaScriptのビルトイン関数の中から、有用なものをいくつか紹介します。すでに説明の中で出てきたものもあります。

parseInt(s[, n])
　第1引数（1番目の引数）の文字列sを、整数に変換します。先頭のホワイトスペース（スペースや改行などの無意味な文字）は無視します。先頭から見ていき、整数の数値として解釈できるところまでを整数に変換します。失敗したときはNaNを返します。

```
parseInt('整数として解釈できる文字列')
```

　第2引数（2番目の引数）に数字nを書くと、その進数で解釈します。実は、第1引数の書き方次第で、進数の解釈が変わります。そのため、正確に文字列を整数に変換するには第2引数が必要です。parseInt('文字列', 10)のように使います。

```
parseInt('整数として解釈できる文字列', 基数)
```

parseFloat(s)
　引数の文字列sを、小数点数に変換します。先頭のホワイトスペース（スペースや改行などの無意味な文字）は無視します。先頭から見ていき、整数の数値として解釈できるところまでを小数点数に変換します。失敗したときはNaNを返します。

```
parseFloat('小数点数として解釈できる文字列')
```

encodeURI(s) / encodeURIComponent(s)

引数にした「あいう」のような文字列を、検索結果のURLなどで見る「%E3%81%82%E3%81%84%E3%81%86」といった形式に変換します。

```
encodeURI('エンコードする文字列')
```

```
encodeURIComponent('エンコードする文字列')
```

2つの関数の違いは、変換しない文字の種類です。encodeURI()は、URLに使用する文字（:/?&=#など）はエンコードしません 03 。

03 変換しない文字の種類

関数	変換しない文字の種類
encodeURI	A-Z a-z 0-9 ; , / ? : @ & = + $ - _ . ! ~ * ' ( ) #
encodeURIComponent	A-Z a-z 0-9 - _ . ! ~ * ' ( )

decodeURI(s) / decodeURIComponent(s)

エンコードした文字列をデコードする（もとの状態に戻す）関数です。decodeURI()は、encodeURI()で変換した文字列を戻します。decodeURIComponent()は、encodeURIComponent()で変換した文字列を戻します。

```
decodeURI('デコードする文字列')
```

```
decodeURIComponent('デコードする文字列')
```

eval()

引数の文字列を、JavaScriptのコードとして実行します。非常に強力な関数ですが、セキュリティ的に危険です。ユーザーが入力した文字列をeval()で実行すると、どのような処理でも行えます。そのため個人情報の流出など大きな被害が出る可能性があります。

注意！
ユーザーが入力した文字列に対してeval()を使ってはいけません。セキュリティホールになります。

```
eval('実行する文字列')
```

ビルトインオブジェクトの関数

　非常に多くのものがあるため、すべては紹介できません。ビルトインオブジェクトの一部について、いくつかのメソッドを表形式で紹介します。

Object
　オブジェクトです 04 。オブジェクトに対して行う処理が多いです。

04 Object

メソッド	意味
Object.keys(o)	オブジェクトoの、プロパティ名の配列を返す。
Object.values(o)	オブジェクトoの、プロパティ値の配列を返す。
Object.entries(o)	オブジェクトoの、プロパティの組([名, 値])の配列を返す。

Math
　Math（数学）オブジェクトにはメソッドが非常に多いです 05 。数学的な計算を行うときは、Mathの機能を調べて目的の処理を探すとよいです。また、Math.PIは円周率です。三角関数のメソッドも多いので、座標計算を行うときはMathの機能を調べてください。

05 Math

メソッド	意味
Math.trunc(n)	数値nの整数部分を返す。
Math.floor(n)	数値n以下の、最大の整数を返す。
Math.ceil(n)	数値n以上の、最小の整数を返す。
Math.round(n)	数値nを四捨五入する。
Math.random()	0以上、1未満のランダムな数値を返す。
Math.max(n1, n2, ...)	引数の数値の中で最大のものを返す。
Math.min(n1, n2, ...)	引数の数値の中で最小のものを返す。

Array

配列を表すオブジェクトです **06**。この表の配列風オブジェクトとは、配列に似ているが、配列ではないオブジェクトのことです。

06 Array

メソッド	意味
Array.from(x)	配列風オブジェクトxから配列を作る。
Array.isArray(x)	xが配列であればtrueを、そうでなければfalseを返す。

String

文字列を表すオブジェクトです **07**。

07 String

メソッド	意味
String.fromCharCode(n1, n2, ...)	引数の数値から、その文字コードの文字を作る。

JSON

JSONとはJavaScript Object Notationの略です。JavaScriptのオブジェクトとして読み取れるテキスト形式でデータを書く方法です。

Webページとサーバーとでデータをやり取りするときに、JSONはよく使います。そのままJavaScriptのオブジェクトとして解釈できるのでJavaScriptで扱いやすいです。

JSONは、JavaScriptのオブジェクトと若干書き方のルールが違います（制限が厳格です）。文字列を囲う文字は「"」（ダブルクォーテーション）しか使えません。また、プロパティ名も「"」で囲う必要があります。プロパティの値に関数やundefinedは使えません。コメントも書けません。そうした違いがあります。以下は、JSONの例です **08**。

08 JSONの例

```
01 {
02     "items": [
03         {"name": "cat", "age": 3},
04         {"name": "dog", "age": 4},
05         {"name": "cow", "age": 8}
06     ]
07 }
```

JSONオブジェクトには、オブジェクトをJSON形式の文字列にするstringify()と、JSON形式の文字列をオブジェクトにするparse()があります**09**。

09 JSON

メソッド	意味
JSON.stringify(o)	オブジェクトoをJSON形式の文字列にして返す。
JSON.stringify(o, null, s)	オブジェクトoをJSON形式の文字列にして返す。人間が読みやすいように整形して、第3引数の文字列sでインデントする。
JSON.parse(s)	JSON形式の文字列sからオブジェクトを作る。失敗すると例外を起こす。

MEMO
例外については、P.108で詳しく説明します。

以下にJSON.stringify()の例を示します。整形を行わない場合です。

chapter1/json/json-stringify-1.html

```
07    // オブジェクトを作成
08    const animals = {items: [
09        {name: 'cat', age: 3},
10        {name: 'dog', age: 4}
11    ]};
12
13    // 文字列化してコンソールに出力
14    console.log(JSON.stringify(animals));
```

Console

```
{"items":[{"name":"cat","age":3},{"name":"dog","age":4}]}
```

以下にJSON.stringify()の例を示します。整形してインデントを加えた場合です。

chapter1/json/json-stringify-2.html

```
07    // オブジェクトを作成
08    const animals = {items: [
09        {name: 'cat', age: 3},
10        {name: 'dog', age: 4}
11    ]};
12
```

```
13      // 文字列化してコンソールに出力
14      console.log(JSON.stringify(animals, null, '\t'));
```

Console

```
{
    "items": [
        {
            "name": "cat",
            "age": 3
        },
        {
            "name": "dog",
            "age": 4
        }
    ]
}
```

以下は、JSON.parse()の例です。

chapter1/json/json-parse-1.html

```
07      // JSON形式の文字列を作成
08      const text = '{"items":[{"name":"cat","age":3},{"name":"dog","age":4}]}';
09
10      // オブジェクトにパース
11      let res = null;
12      try {
13          res = JSON.parse(text);
14      } catch(e) {
15      }
16
17      // コンソールに出力
18      console.log(res);
```

Console

```
{
    items: Array(2)
        0: {name: "cat", age: 3}
        1: {name: "dog", age: 4}
        length: 2
}
```

ユーザー定義関数

　関数は自分でも作れます。JavaScriptでは、関数の作り方がいくつかあります。まずは、もっとも基本的な形から紹介します。

`chapter1/function/function-basic.html`

```
07    // 猫を得る関数
08    function getCat(catName) {
09        // 文字列を作成して返す
10        const res = `猫名：「${catName}」`;
11        return res;
12    }
13
14    // 関数を実行してコンソールに出力
15    console.log(getCat('タマ'));
```

`Console`

```
猫名：「タマ」
```

　関数の、入力（引数）、処理、出力（戻り値）は、以下のように書きます。引数はそのまま変数になります。引数は変数名を書くだけでよいです。処理は何行書いてもよいです。戻り値は、returnのあとに値を書けばよいです。

```
function 関数名(引数) {
    処理
    return 戻り値;
}
```

　関数を使うときは、関数名のあとに「( )」（丸括弧）を付けて実行します。その際、「( )」の中に値を設定すると、その値を関数の引数に渡せます。

```
関数名(値);
```

MEMO

ほかのプログラミング言語のように、引数や戻り値の型を書く必要はありません。

　このように作った関数は、同じ関数スコープ以下の階層で使えます。関数スコープの外で使うとエラーになります。下の例では、17行目から呼び出したときは、同じ階層なのでgetCat()が使えます。24行目から呼び出したとき、outFunc()の中にあるgetCat()は使えません。

chapter1/function/function-basic-scope.html

```
07      // 外側の関数
08      function outFunc() {
09          // 猫を得る関数
10          function getCat(catName) {
11              // 文字列を作成して返す
12              const res = `猫名：「${catName}」`;
13              return res;
14          }
15
16          // 関数を実行してコンソールに出力
17          console.log(getCat('タマ'));
18      }
19
20      // 外側の関数を実行
21      outFunc();
22
23      // 外側の関数内の関数を実行しようとする
24      console.log(getCat('大福'));
```

Console

```
猫名：「タマ」
Uncaught ReferenceError: getCat is not defined
    at function-basic-scope.html:24
```

　関数の引数を2つ以上書くときは「,」（カンマ）で区切ります。

```
function 関数名(引数1, 引数2, 引数3, ...) {
    処理
    return 戻り値;
}
```

引数はなくてもかまいません。

```
function 関数名() {
    処理
    return 戻り値;
}
```

引数を書いていたものの、呼び出し元で引数を書かなかったときは、その引数の中身はundefinedになります **10** 。

10 呼び出し元で引数を書かなかったとき

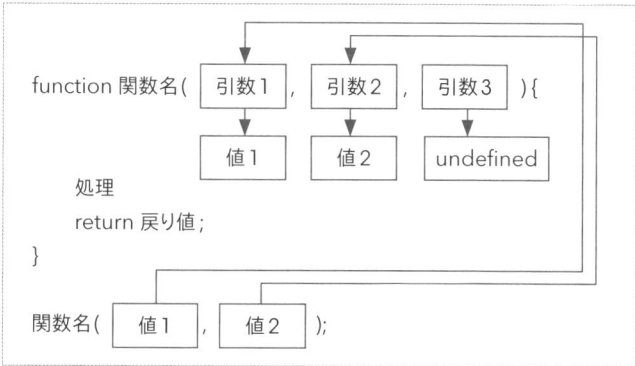

以下に例を示します。

chapter1/function/argument.html

```
07    // 猫を得る関数
08    function getCat(catName, age, sex) {
09        // 文字列を作成して返す
10        const res = `猫名：「${catName}」、年齢${age}、性別${sex}`;
11        return res;
12    }
13
14    // 関数を実行してコンソールに出力
15    console.log(getCat('タマ', 3));
```

Console

```
猫名：「タマ」、年齢3、性別undefined
```

戻り値は書かなくてもよいです。戻り値を省略するときは、returnを書かなくてもよいです。

```
function 関数名(引数) {
    処理
}
```

また、関数の途中で処理を終了したいときは、returnを書きます。そこで処理は終わります。このreturnには戻り値を書いても、書かなくてもかまいません。戻り値を書かなかった関数は、undefinedが戻り値になります。

```
function 関数名(引数1, 引数2, 引数3, ...) {
    処理
    特定の条件のとき return 戻り値;
    処理
}
```

以下に例を示します。

chapter1/function/return.html

```
07    // 猫を得る関数
08    function getCat(catName) {
09        // ここで終了、戻り値なし
10        return;
11
12        // 文字列を作成して返す
13        const res = `猫名:「${catName}」`;
14        return res;
15    }
16
17    // 関数を実行してコンソールに出力
18    console.log(getCat('タマ'));
```

Console

```
undefined
```

匿名関数とコールバック関数

ここまでの関数は、functionのあとに名前を付けていました。関数には、名前を付けない**匿名関数（無名関数）**もあります。こうした関数は、変数に入れて使ったり、関数の引数にしたりして使います。関数の引数にした関数のことを特別に**コールバック関数**と呼びます。

```
const 変数名 = function(引数) {
    処理
    return 戻り値;
}
```

```
関数(function(引数) {
    処理
    return 戻り値;
});
```

また、**即時実行関数**と呼ばれる、匿名関数を作って、すぐにその場で使う方法もあります。この方法は、関数を「( )」（丸括弧）で囲い、そのあとに関数を実行するときの「( )」を付けて実行します。

```
(function(引数) {
    処理
    return 戻り値;
})(引数に渡す値);
```

メソッド

オブジェクトのプロパティに関数を代入したときは、メソッドと呼ばれます。

```
オブジェクト.プロパティ名 = 値;
オブジェクト.メソッド名 = function(引数) {
    処理
    return 戻り値;
};
```

```
変数名 = {
    プロパティ名: 値,
    メソッド名: function(引数) {
        処理
        return 戻り値;
    }
};
```

メソッドは、以下のように短く書くこともできます。

```
変数名 = {
    プロパティ名: 値,
    メソッド名(引数) {
        処理
        return 戻り値;
    }
};
```

▼ 値と参照

　引数を使って、値を関数に渡すときに注意すべき点が1つあります。プリミティブデータ型の値は、そのまま関数に値が渡されます。しかし、オブジェクトのときは、値そのものではなく**参照**が渡されます。

　参照について説明します。値をそのまま渡すには大きすぎるデータのときは、プログラムでは参照という情報を使ってやり取りします。現実世界でも、そうしたことはあります。たとえば倉庫の荷物を渡すときに、中身をすべて運ぶのは大変なので倉庫の鍵を渡します。このときの鍵に当たるものが参照です **11**。

11 参照

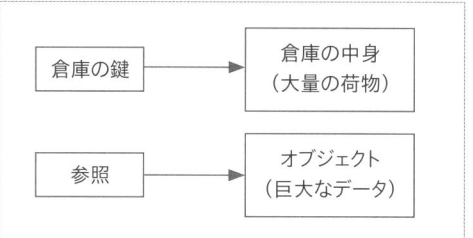

関数は参照を受け取ることで、そのオブジェクトの値を取り出したり、書き換えたりできます**12**。

12 オブジェクトの参照

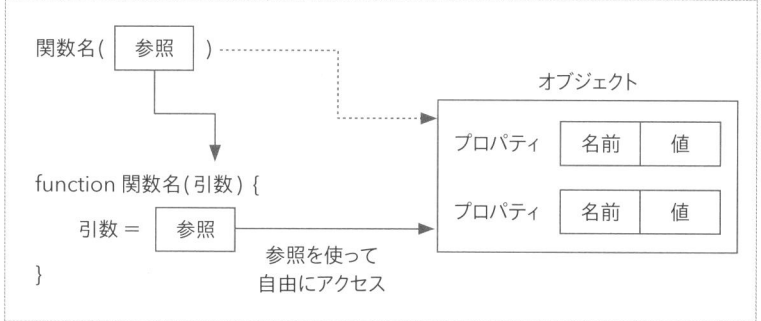

以下の例では、関数内でオブジェクトの値を書き換えています。そうすると、関数の呼び出し元でも、値が書き換わるのがわかります。

MEMO

プログラミング言語によっては、参照はメモリー上の位置を表す数値です。JavaScriptの参照は、メモリー上の位置ではありません。

`chapter1/function/reference.html`

```
07    // 猫の年を取らせる関数
08    function growOldCat(cat) {
09        cat.age = cat.age + 1;
10    }
11
12    // オブジェクトを作成して、コンソールに出力
13    const catObj = {name: 'タマ', age: 3};
14    console.log(`${catObj.name} ${catObj.age}歳`);
15
16    // 関数を実行して、コンソールに出力
17    growOldCat(catObj)
18    console.log(`${catObj.name} ${catObj.age}歳`);
```

Console

```
タマ  3歳
タマ  4歳
```

this

　関数を使うプログラムを調べていると、**this**というキーワードが出てくることがあります。プログラミング言語では、自分自身を表すキーワードとして、よくthisが出てきます。しかし、JavaScriptでは少し事情が異なります。

　以下のthisについての説明は、JavaScript初心者は読まなくてもよいです。ある程度JavaScriptに慣れて、参考にするプログラムの中にthisが多く出てくるようになれば、読んだり調べたりするとよいです。

　とくに何もない場所でのthisは、**グローバルオブジェクト**を指します。Webブラウザのオブジェクト JavaScriptでは、グローバルオブジェクトは**window**です。

　関数の中では、thisは条件によって指すものが変わります。JavaScriptのプログラムには**厳格モード**というものがあります。プログラムの中に**'use strict'**を書くと、その関数スコープ以下に適用されて、いくつかの挙動が変わります。

　厳格モードでないとき、関数の中のthisはグローバルオブジェクトを指します。WebブラウザのJavaScriptならwindowです。厳格モードのとき、関数の中のthisはundefinedです。

　また、JavaScriptでは、関数をcall()やapply()というメソッドで呼び出すと、thisを外部から設定できます。また、bind()というメソッドで、thisを設定した新しい関数オブジェクトを作ることもできます。

　オブジェクトのメソッドになっている関数は、そのオブジェクトがthisになります。

　こうしたことからわかるのは、関数のthisは、プログラムの内容によって何を指しているのかが違うということです。ライブラリによっては、コールバック関数内のthisが特別な用途に使われていることもあります。ライブラリを使っていて、thisが説明に出てくるときは、その内容をよく読んでください。

　以下は、厳格モードでないときのthisの挙動です。「中」と「内」のthisがWindowになっています。

chapter1/function/this-1.html

```
07        // 関数
```

```
08    function fnc1() {
09        // コンソールに出力
10        console.log('中', this);
11
12        // 内側の関数
13        function fnc2() {
14            // コンソールに出力
15            console.log('内', this);
16        }
17
18        // 内側の関数を呼び出し
19        fnc2();
20    }
21
22    // コンソールに出力
23    console.log('外', this);
24
25    // 関数を呼び出し
26    fnc1();
```

Console

```
外 Window
中 Window
内 Window
```

　以下は、厳格モードのときのthisの挙動です。「中」と「内」のthisが
undefinedになっています。

chapter1/function/this-2.html

```
07    'use strict'
08
09    // 関数
10    function fnc1() {
11        // コンソールに出力
12        console.log('中', this);
13
14        // 内側の関数
15        function fnc2() {
16            // コンソールに出力
17            console.log('内', this);
```

```
18          }
19
20          //  内側の関数を呼び出し
21          fnc2();
22      }
23
24      //  コンソールに出力
25      console.log('外', this);
26
27      //  関数を呼び出し
28      fnc1();
```

Console

```
外  Window
中  undefined
内  undefined
```

　以下は、オブジェクトにメソッドを設定したときのthisの挙動です。「中」の
thisがオブジェクトになっています。

chapter1/function/this-method.html

```
07      //  オブジェクトを作成
08      const obj = {
09          //  メソッド
10          fnc: function() {
11              //  コンソールに出力
12              console.log('中', this);
13
14              //  内側の関数
15              function fnc2() {
16                  //  コンソールに出力
17                  console.log('内', this);
18              }
19
20              //  内側の関数を呼び出し
21              fnc2();
22          }
23      };
24
25      //  コンソールに出力
```

```
26      console.log('外', this);
27
28      // 関数を呼び出し
29      obj.fnc();
```

Console

```
外  Window
中  {fnc: ƒ}
内  Window
```

MEMO
内がWindowになるのは、
「this-1.html」と同じで
す。ここでは、中だけ特別
に{fnc: ƒ}になります。

　関数はオブジェクトの1つです。関数オブジェクトという種類になります。そして関数オブジェクトには、いくつかメソッドがあります。

　.call() と .apply() は、第1引数にthisにする値を設定して、関数を実行します。2つの関数の違いは、もとの関数の引数を「,」(カンマ) 区切りで並べるか、配列にして設定するかです。どちらも、その場ですぐに関数が実行されます。

```
関数.call(thisにする値， 引数1， 引数2， ...)
```

```
関数.apply(thisにする値， 引数にする配列)
```

　以下は、call()でthisを設定したときのthisの挙動です。「中」のthisが文字列になっています。

chapter1/function/this-call.html

```
07      // 関数
08      function fnc1() {
09          // コンソールに出力
10          console.log('中', this);
11
12          // 内側の関数
13          function fnc2() {
14              // コンソールに出力
15              console.log('内', this);
16          }
17
```

```
18        // 内側の関数を呼び出し
19        fnc2();
20    }
21
22    // 関数を呼び出し
23    fnc1.call('thisを設定');
```

Console

```
中 String {"thisを設定"}
内 Window
```

.bind() は、thisにする値を引数にして、thisが設定された新しい関数を作って返します。新しい関数を作るだけなので、その場では実行されません。

```
新しい関数 = 関数.bind(thisにする値)
```

chapter1/function/this-bind.html

```
07    // 関数
08    function fnc1() {
09        // コンソールに出力
10        console.log('中', this);
11
12        // 内側の関数
13        function fnc2() {
14            // コンソールに出力
15            console.log('内', this);
16        }
17
18        // 内側の関数を呼び出し
19        fnc2();
20    }
21
22    // thisを設定した関数を作成
23    const fncBind = fnc1.bind('thisを設定');
24
25    // 関数を呼び出し
26    fncBind();
```

Console

```
中  String {"thisを設定"}
内  Window
```

▼ アロー関数

アロー関数は、ES6（ES2015）で加わった新しい関数の書き方です。functionという文字をなくして、「=>」（イコール、大なり）というアロー記号を使い、関数を短く書きます。アロー関数には名前は付きません。コールバック関数（関数の引数にする関数）として使うことが多いです。

```
(引数1, 引数2, 引数3, ...) => {
    処理
    return 戻り値;
}
```

アロー関数では、引数が1つのときは「( )」（丸括弧）を省略できます。また、引数がないときは「( )」のみを書きます。

```
引数 => {
    処理
    return 戻り値;
}
```

```
() => {
    処理
    return 戻り値;
}
```

処理が1行で終わるときは、「{ }」（波括弧）やreturnを省略できます。その際は、最後の行の値（処理の結果）がそのまま戻り値になります。

```
（引数1，引数2，引数3，...）=> 処理
```

　以下にアロー関数の例を示します。まだ説明が登場していませんが、コールバック関数を取る関数として、配列の全要素を処理する.forEach()メソッドを使います。コールバック関数の第1引数で、要素が渡されるので、コンソールに出力します。

MEMO
forEach()メソッドについてはP.178で詳しく説明します。

chapter1/function/arrow.html

```
07      // 配列を作成
08      const arr = ['猫', '犬', '兎'];
09
10      // 配列の全要素を処理する.forEach()を実行
11      arr.forEach(x => {
12          // コンソールに出力
13          console.log(x);
14      });
```

Console

```
猫
犬
兎
```

　以下は、初心者には少し難しい説明なので、読み飛ばしてよいです。通常の関数とアロー関数には違う点があります。それはthisの扱いです。アロー関数の処理では、通常の関数のようにthisが指す対象が変わりません。アロー関数の外と同じです。

　この仕様について注意する必要は、ほとんどありません。ただし例外があります。ライブラリの仕様として、コールバック関数の中でthisを使うときです。こうした関数では、コールバック関数を実行するときに、thisが指す先を指定しています。しかし、アロー関数を使うとthisが変わらないために、想定どおりの結果になりません。

　こうしたケースがたまにあるので、ライブラリのコールバック関数の説明でthisが出てきたときは気を付けてください。

条件分岐

07

JavaScriptの条件分岐について紹介します。条件分岐は、条件によってプログラムの流れを変える方法です。ここでは、条件によって処理を変える方法を学びます。

if文、if else文

まずは単純なif文を学びます。if文は、真偽値や条件式によって処理を変える構文です。条件式は、値を真偽値のどちらかとみなす式です。

以下は条件分岐の処理の流れです **01**。

MEMO

真偽値は、真（true）と、偽（false）の2つの状態がある値です。

01 条件分岐

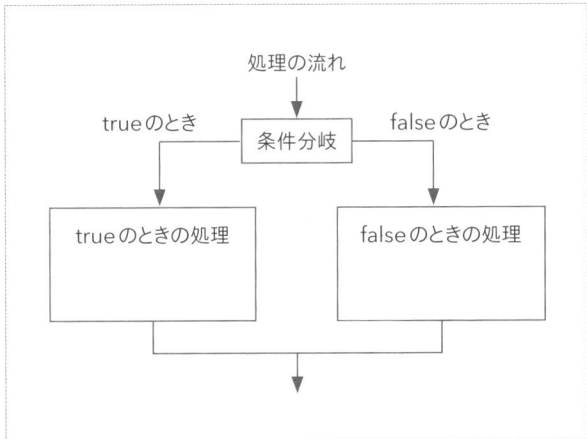

if文は、if ( ) { }と書き、「( )」（丸括弧）内の値や条件式がtrueとみなせるなら、「{ }」（波括弧）内の処理を行います。falseなら、「{ }」（波括弧）内を無視して、先に進みます。

```
if （真偽値や条件式） {
    trueのときの処理
}
```

また、if () { } else { }と書く、if else文もあります。こちらは、elseのあとの「{ }」内が、falseのときの処理になります。

```
if (真偽値や条件式) {
    trueのときの処理
} else {
    falseのときの処理
}
```

処理が1行しかないときは、「{ }」を省くこともできます。

```
if (真偽値や条件式) trueのときの1行の処理
```

```
if (真偽値や条件式) trueのときの1行の処理
else falseのときの1行の処理
```

また、else if ( ) { }と書けば、elseの状態でかつifの条件で絞り込むことができます **02**。最後のelseには、すべてがfalseのときの処理を書きます。

02 else if

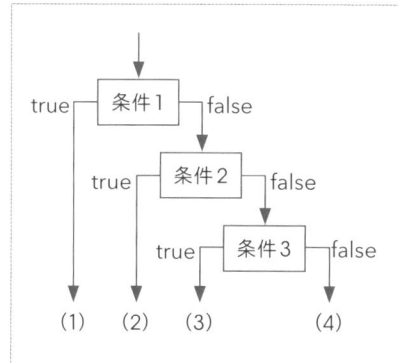

```
if (条件1) {
    (1) 条件1がtrueのときの処理
} else if (条件2) {
    (2) 条件1がfalse かつ 条件2がtrueのときの処理
} else if (条件3) {
    (3) 条件1がfalse かつ 条件2がfalse かつ 条件3がtrueのときの処理
} else {
    (4) 条件1から3がすべてfalseのときの処理
}
```

> **注意！**
> プログラムの無駄な部分を省くツールを使ったときに、意図せぬ状態になることがあるので、なるべく「{ }」を付けたほうが安心です。

tureとみなされる値、falseとみなされる値

　値の中には、if文の条件式でtureとみなされる値と、falseとみなされる値があります。trueとみなされる値には、1文字以上の文字列、0やNaN以外の数値、中身のあるオブジェクトや、要素が1以上ある配列があります。

　falseとみなされる値には、中身が空の文字列や、0やNaNの数値、中身が空のオブジェクトや、要素が0個の配列があります。また、undefinedやnullもfalseとみなされます。

真偽値を返す演算子

　計算結果として真偽値を返す演算子は多いです。演算子とは「+」や「-」などの計算をする記号のことです。

論理否定演算子

　まず、もっとも簡単な真偽値を返す演算子です **03**。**論理否定演算子**「!」は、真偽値を逆転させます。trueならfalseを、falseならtrueを返します。また、tureとみなせる値ならfalse、falseとみなせる値ならtrueを返します。

03 論理否定演算子

計算	説明
!真偽値	真偽が逆の値。trueならfalseを、falseならtrueを返す。

計算	結果
!true	false
!false	true

等値演算子、不等値演算子

　次は**等値演算子**「==」と、**不等値演算子**「!=」です **04**。等値演算子は、記号をはさむ左辺と右辺の値が同じならtrueを、違うならfalseを返します。不等値演算子は、記号をはさむ左辺と右辺の値が同じならfalseを、違うならtrueを返します。

　注意すべき点は、「'123'」という文字列と「123」という数値は、**同じもの**とみなすことです。

04 等値演算子、不等値演算子

計算	説明
左辺の値 == 右辺の値	左辺と右辺の値が同じならtrue。そうでないなら false。
左辺の値 != 右辺の値	左辺と右辺の値が違うならtrue。そうでないなら false。

計算	結果
1 + 2 == 3	true
1 + 2 == 4	false
1 + 2 != 3	false
1 + 2 != 4	true
'123' == 123	true

同値演算子、非同値演算子

　続いて**同値演算子**「===」と、**非同値演算子**「!==」です**05**。同値演算子は、記号をはさむ左辺と右辺の値が同じならtrueを、違うならfalseを返します。非同値演算子は、記号をはさむ左辺と右辺の値が同じならfalseを、違うならtrueを返します。

　注意すべき点は、「'123'」という文字列と「123」という数値は、**違うもの**とみなすことです。

05 同値演算子、非同値演算子

計算	説明
左辺の値 === 右辺の値	左辺と右辺の値が同じならtrue。そうでないなら false。
左辺の値 !== 右辺の値	左辺と右辺の値が違うならtrue。そうでないなら false。

計算	結果
1 + 2 === 3	true
1 + 2 === 4	false
1 + 2 !== 3	false
1 + 2 !== 4	true
'123' === 123	false

比較演算子

　数値と数値を比較する**比較演算子**です **06** 。比較演算子は、どちらが小さいか大きいかを判定するもので4種類あります。以上、以下は、同じ値も含みます。

06 比較演算子

計算	説明
左辺の値 < 右辺の値	左辺が右辺より小さいならtrue。そうでないなら false。
左辺の値 > 右辺の値	左辺が右辺より大きいならtrue。そうでないなら false。
左辺の値 <= 右辺の値	左辺が右辺以下ならtrue。そうでないならfalse。
左辺の値 >= 右辺の値	左辺が右辺以上ならtrue。そうでないならfalse。

計算	結果
1 < 2	true
2 < 2	false
3 < 2	false

計算	結果
1 > 2	false
2 > 2	false
3 > 2	true

計算	結果
1 <= 2	true
2 <= 2	true
3 <= 2	false

計算	結果
1 >= 2	false
2 >= 2	true
3 >= 2	true

論理積、論理和

　論理積（AND）と**論理和（OR）**について説明します **07** 。論理積は、左辺と右辺の両方が true なら true を返します **08** 。論理和は、左辺と右辺のいずれか一方でも true なら true を返します。それ以外は false を返します **09** 。

07 論理積、論理和

計算	説明
左辺 && 右辺	左辺と右辺の両方が true なら true 。そうでないなら false。
左辺 || 右辺	左辺と右辺の両方あるいは片方が true なら true 。そうでないなら false 。

08 論理積（AND、&&）

		左辺	
		○ true	× false
右辺	○ true	○ true	× false
	× false	× false	× false

09 論理和（OR、\|\|）

		左辺	
		○ true	× false
右辺	○ true	○ true	○ true
	× false	○ true	× false

条件演算子

　if文を書くほどではないものの、ちょっとした分岐で値の中身を変えたいときがあります。たとえば、偶数なら赤、奇数なら青という色を変数に入れたいとき、1行で書けるとプログラムがすっきりします。そうしたときに**条件演算子**を使います。

　条件演算子は、「?」（クエスチョン）と「:」（コロン）を使います。そして、条件式がtrueのときとfalseのときの値を書きます。

```
条件式 ? trueのときの値 : falseのときの値
```

　以下のif文を使ったプログラムと、条件演算子を使ったプログラムは同じ内容です。iが0のときは赤、それ以外は青を選びます。

MEMO
3つの部分で構成される式になるので、三項演算子とも呼びます。

chapter1/conditional-operator/if.html

```
07    // 変数の宣言
08    let i, col;
09
10    // iが0のとき
11    i = 0;
12    if (i === 0) {
13        col = '赤';
14    } else {
15        col = '青';
16    }
17    console.log(i, col);   // コンソールに出力
18
19    // iが1のとき
20    i = 1;
21    if (i === 0) {
22        col = '赤';
23    } else {
24        col = '青';
25    }
26    console.log(i, col);   // コンソールに出力
```

chapter1/conditional-operator/cond.html

```
07    // 変数の宣言
08    let i, col;
09
10    // iが0のとき
11    i = 0;
12    col = i === 0 ? '赤' : '青';
13    console.log(i, col);   // コンソールに出力
14
15    // iが1のとき
16    i = 1;
17    col = i === 0 ? '赤' : '青';
18    console.log(i, col);   // コンソールに出力
```

Console

```
0 "赤"
1 "青"
```

条件分岐と条件式の例

　真偽値を返す演算子と、条件分岐を使った処理の例を示します。if else
文を使い、値段によって処理を変えます。

chapter1/if/if-else.html

```
07    // 価格カードを得る関数
08    function getPriceCard(price) {
09        // 戻り値用の変数を作成
10        let res = '';
11
12        // 条件分岐
13        if (price < 1000) {
14            // 1,000未満
15            res = price + '円';
16        } else if (price < 10000) {
17            // 1,000以上、10,000未満
18            const salePrice = Math.trunc(price * 0.9);
19            res = '特価 ' + price + '円 → ' + salePrice + '円';
20        } else {
21            // 10,000以上
22            const salePrice = Math.trunc(price * 0.8);
23            res = '大特価 ' + price + '円 → ' + salePrice + '円';
24        }
25
26        // 戻り値を戻す
27        return res;
28    }
29
30    // 関数を実行してコンソールに出力
31    console.log(getPriceCard(500));
32    console.log(getPriceCard(1000));
33    console.log(getPriceCard(5000));
34    console.log(getPriceCard(10000));
35    console.log(getPriceCard(15000));
```

Console

```
500円
特価  1000円  →  900円
特価  5000円  →  4500円
大特価  10000円  →  8000円
大特価  15000円  →  12000円
```

▼ その他の条件分岐

　if文以外にも条件分岐を行う方法があります。それが**switch文**です。switch文は、いくつかの値があり、値により処理を変えたいときに便利な方法です。

　switch文は、switch( ) { }と書き、「( )」の中に値を書き、「{ }」の中に分岐させる処理を書きます。分岐は、caseやdefaultといったキーワードで行います。「( )」内の値と、caseのあとの値が「===」（同値演算子）で一致すれば、その場所に制御が移ります。何も一致しなければdefaultに制御が移ります。

MEMO
switch文よりif文を使う
ほうが多いです。

```
switch (値) {
    case 値:
        処理
    case 値:
        処理
    case 値:
        処理
    default:
        処理
}
```

　その後、breakがあると、その場所でswitch文を抜けて、そのあとの行に制御が移ります。breakがなければ、最後まで処理をたどりswitch文を抜けて、そのあとの行に制御が移ります **10** 。

10 switch文

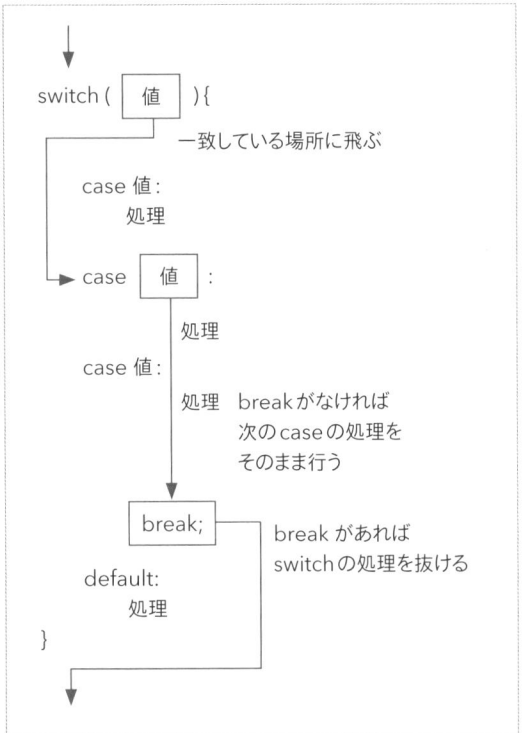

以下に例を示します。メニューの名前から、価格を得る処理です。

chapter1/switch/switch.html

```
07      // 価格を得る関数
08      function getPrice(menu) {
09          // 戻り値用の変数を作成
10          let res = '';
11
12          // 条件分岐
13          switch (menu) {
14              case 'チョコケーキ':
15              case 'チーズケーキ':
16              case 'ショートケーキ':
17                  // チョコケーキ、チーズケーキ、ショートケーキ
18                  res = 560;
19                  break;
20              case 'ホットコーヒー':
```

```
21              case 'アメリカンコーヒー':
22                  // ホットコーヒー、アメリカンコーヒー
23                  res = 450;
24                  break;
25          default:
26                  // その他
27                  res = 500;
28          }
29
30      // 戻り値を戻す
31      return menu + 'は' + res + '円';
32  }
33
34  // 関数を実行して、コンソールに出力
35  console.log(getPrice('チョコケーキ'));
36  console.log(getPrice('ショートケーキ'));
37  console.log(getPrice('ホットコーヒー'));
38  console.log(getPrice('紅茶'));
```

`Console`

チョコケーキは560円
ショートケーキは560円
ホットコーヒーは450円
紅茶は500円

例外処理

08

JavaScriptの例外処理について紹介します。条件分岐とは違う、プログラムの制御方法です。ここでは、try catch文を中心に、例外処理の方法を学んでいきます。

▼ try catch文

　プログラムの流れを制御する方法は、条件分岐以外にもあります。その方法の1つが**例外処理**です。何らかの例外が起きたときに処理を中断する。そして例外を捕まえて別の場所に移動する。そうした構文がJavaScriptには用意されています。try catch文という構文です 01 02 。

```
try {
    例外が起きる可能性のある処理
} catch(例外の情報が入った変数) {
    例外が起きたときの処理
}
```

01 例外が起きたとき

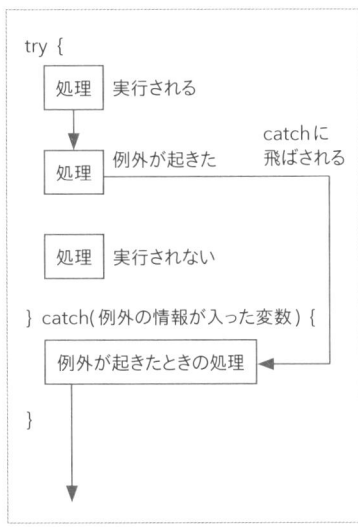

02 例外が起きなかったとき

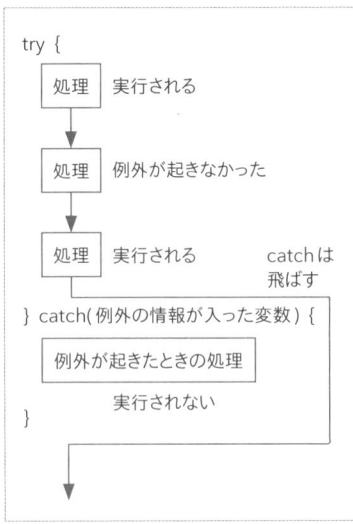

以下は、プログラムの例です。例外を捕まえて、catch内で処理をします。また、例外の情報が入った変数eを利用して、例外の内容を出力します。例外は、null.toString()で起きます。nullに対して、存在しないメソッド.toString()を使おうとして例外になります。

chapter1/try-catch/try-catch.html

```
07    console.log('開始');
08
09    // 例外処理
10    try {
11        console.log('処理 1');
12
13        // ここで例外を起こす
14        console.log('処理 2', null.toString());
15
16        console.log('処理 3');
17    } catch(e) {
18        // 例外発生時の処理
19        console.log('例外が起きました');
20        console.log(e);
21    }
22
23    console.log('終了');
```

Console

```
開始
処理 1
例外が起きました
TypeError: Cannot read property 'toString' of null
    at try-catch.html:14
終了
```

関数内のプログラムで、例外がtry catch文でキャッチされなければ、関数の呼び出し元、さらにその呼び出し元……で、例外を捕まえます。最終的に、例外処理が行われることなく、いちばん外側までくると、プログラムは停止します。例外処理を使えば、例外が起きたときの処理を、関数の入れ子の好きな階層で行えます。

以下は、プログラムの例です。内側の関数で起きた例外を、いちばん外側のtry catch文で捕まえています。このように、入れ子を一気に抜けて外側で例外処理を行えます。

chapter1/try-catch/nest.html

```
07      // 外側の関数
08      function outer() {
09          console.log('  外 開始');
10
11          // 内側の関数
12          function inner() {
13              console.log('    内 開始');
14
15              // ここで例外を起こす
16              console.log('    内 処理', null.toString());
17
18              console.log('    内 終了');
19          }
20
21          inner();   // 内側の関数を実行
22          console.log('  外 終了');
23      }
24
25      console.log('開始');
26
27      // 例外処理
28      try {
29          console.log('処理 1');
30          console.log('処理 2', outer());
31          console.log('処理 3');
32      } catch(e) {
33          // 例外発生時の処理
34          console.log('エラーが起きました');
35          console.log(e);
36      }
37
38      console.log('終了');
```

Console

```
開始
処理 1
  外 開始
    内 開始
エラーが起きました
TypeError: Cannot read property 'toString' of null
```

```
      at inner (nest.html:16)
      at outer (nest.html:21)
      at nest.html:30
終了
```

throwとError

　例外は、プログラムのミスで発生するだけでなく、例外情報を付けて人為的に発生させることもできます。こうした例外はthrowで起こせます。

　throwを使えば、関数で戻り値を戻す以外に、例外を起こしてその内容を呼び出し元に伝えることもできます。

```
throw メッセージ
```

chapter1/throw/throw.html

```
07    console.log('開始');
08
09    // 例外処理
10    try {
11        console.log('処理 1');
12
13        // ここで例外を起こす
14        throw '文字列エラー';
15
16        console.log('処理 2');
17    } catch(e) {
18        // 例外発生時の処理
19        console.log('例外が起きました');
20        console.log(e);
21    }
22
23    console.log('終了');
```

Console

```
開始
処理 1
例外が起きました
```

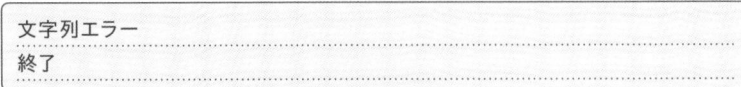

```
文字列エラー
終了
```

throwで伝える例外情報は、文字列や数値などが使えます。また、詳しい情報を持ったエラーを、Errorオブジェクトを使って作ることもできます。Errorオブジェクトを使ったほうが、詳細な情報が表示されるのでわかりやすいです。

```
throw new Error('メッセージ')
```

以下の例では、Errorオブジェクトを使っています。そのため、例外が起きたファイル名と行数が表示されます。

chapter1/throw/error.html

```
07    console.log('開始');
08
09    // 例外処理
10    try {
11        console.log('処理 1');
12
13        // ここで例外を起こす
14        throw new Error('マイエラー');
15
16        console.log('処理 2');
17    } catch(e) {
18        // 例外発生時の処理
19        console.log('例外が起きました');
20        console.log(e);
21    }
22
23    console.log('終了');
```

Console

```
開始
処理 1
例外が起きました
Error: マイエラー
    at error.html:14
終了
```

正規表現

09

JavaScriptの正規表現について紹介します。正規表現は、文字列を検索したり置換したりするときに使います。Webページという文字列を扱うJavaScriptでは重要な機能です。

正規表現とは

正規表現は、文字と記号を組み合わせて文字のパターンを作り、文字列の検索や置換をする方法です。Webページという文字列で構成された文書を扱うJavaScriptでは、文字列を柔軟に検索したり置換したりできる正規表現は、とても役に立ちます。

簡単な正規表現の例を挙げます。「.」(ドット) は任意の1文字を表します。「猫が.匹」と書くと、「猫が1匹」「猫が2匹」「猫が3匹」などの文字列が検索でマッチします。

また、前の文字を1回以上くり返す記号「+」(プラス) を利用して、「すごい！+」と書くと、「すごい！」「すごい！！！」「すごい！！！！！！」のような文字列がマッチします。

正規表現では、多数の記号を利用して文字のパターンを指定します。

JavaScriptの正規表現

JavaScriptには正規表現を書く方法があり、**正規表現リテラル**と呼びます。正規表現リテラルを使えば、JavaScriptのプログラムの中に、正規表現のデータを埋め込めます。

正規表現リテラルでは、「/」(スラッシュ) でデータを囲み、その右側にフラグと呼ばれる文字を書きます。フラグは省略可能です。正規表現リテラルを書くと、正規表現オブジェクトが作られます。

```
/ 正規表現のパターン / フラグ
```

```
/ 正規表現のパターン /
```

正規表現のフラグの中で、よく使うものを示します **01**。複数のフラグを使うときは「/正規表現のパターン/gmi」のように連続して並べます。フラグの文

字は、どの順番で書いてもよいです。

01 正規表現のフラグ

フラグ	意味
g	globalの意味。正規表現のパターンに該当するすべての文字の組み合わせと一致する。指定しないときは1つだけ一致する。
i	ignoreCaseの意味。大文字小文字の違いを無視するようになる。指定しないときは大文字小文字を区別する。
m	multilineの意味。このフラグを使うと文字列頭「^」と文字列末尾「$」の記号の動作が変わり、行頭・行末にマッチするようになる。
s	dotAllの意味。本来は改行と一致しない「.」が、改行と一致するようになる。

MEMO
sフラグはES2018で加わりました。

次に、正規表現の記号を示します**02**。記号は非常に多くあります。その一部を紹介します。

正規表現のパターンの中に「/」を含めたいときは、「\/」のように記号の前に「\」(バックスラッシュ)を書きます。正規表現の記号自体を表現するには、「\.」「\+」のように記号の前に「\」を書きます。「\」自体を書きたいときは「\\」のように「\」を2つ重ねます。

02 正規表現の記号

記号	意味
^a	文字列先頭にa。mフラグがあるときは行頭にa。
a$	文字列末尾にa。mフラグがあるときは行末にa。
a.c	a、任意の1文字、c。
a?	aが0回か1回。
a+	aを1回以上、なるべく長く一致させる。最長一致。
a*	aを0回以上、なるべく長く一致させる。最長一致。
a+?	aを1回以上、なるべく短く一致させる。最短一致。
a*?	aを0回以上、なるべく短く一致させる。最短一致。
a{3}	aを3回。直前の文字を数値回くり返す。
a{3,}	aを3回以上。直前の文字を数値回以上くり返す。
a{3,6}	aを3回以上6回以下。
[abc]	aかbかcの1文字。角括弧内の任意の1文字。
[^abc]	aかbかc以外の1文字以外。角括弧内以外の任意の1文字。
[a-c]	aからcの範囲の1文字。角括弧内で文字の範囲を指定。
[^a-c]	aからcの範囲以外の1文字。角括弧内で除外範囲を指定。

記号	意味
\n	改行。
\d	数字。[0-9]と同じ。
\D	数字以外。[^0-9]と同じ。
\w	アンダースコアを含む英数字。[A-Za-z0-9_]と同じ。
\W	アンダースコアを含む英数字以外。[^A-Za-z0-9_]と同じ。
abc|def	abcあるいはdef。左右のいずれか。
a(bc|de)f	abcfあるいはadef。グループ化。

　正規表現を書く方法は、正規表現リテラルを使う方法以外に、もう1つあります。それは **new RegExp()** を使う方法です。第1引数にパターンの文字列、第2引数にフラグの文字列を書きます。第2引数は省略可能です。プログラムの中で、変数を使って正規表現を作りたいときは、正規表現リテラルではなく、new RegExp()を使います。

```
new RegExp('正規表現のパターン', 'フラグ');
```

▼ 正規表現を利用する処理

　正規表現をプログラム内で利用する方法は、大きく分けて2つあります。正規表現オブジェクトの.exec()や.test()メソッドを使う方法と、Stringオブジェクトの.match()、.matchAll()、.search()、.replace()、.split()メソッドを使う方法です。

正規表現オブジェクトのメソッド

　まず、正規表現オブジェクトのメソッドを示します **03** 。

03 正規表現オブジェクトのメソッド

メソッド	意味
正規表現.exec(文字列)	文字列中で一致するものを検索する。一致するものがあれば先頭の情報を格納した配列を、なければnullを返す。
正規表現.test(文字列)	文字列中で一致するものがあればtrueを、なければfalseを返す。

　正規表現のgフラグがあるときにこれらのメソッドを使うと、1回実行するごとに1つずつ順番に情報を得ます。

MEMO
gフラグは、一致する結果をすべて得るためのフラグです。

この挙動は、内部的には、正規表現オブジェクトの.lastIndexプロパティを更新することで実現しています。検索結果の位置を.lastIndexに記録しておき、続きから検索するわけです。

一致する文字列がなければ、.lastIndexは0（先頭）に戻ります。.lastIndexが0以外のときに、ほかの文字列でメソッドを使うと、途中からの検索になるので注意が必要です。

Stringオブジェクトのメソッド

次に、Stringオブジェクトのメソッドを示します **04**。これらのメソッドの第1引数の正規表現には、文字列も指定可能です。その場合は単純な文字列との一致を行います。単純に特定の文字列があるかどうかだけならば文字列を使えばよいです。

04 Stringオブジェクトのメソッド

メソッド	意味
String.match(正規表現)	文字列中で一致するものを検索する。一致するものがあれば先頭の情報を格納した配列を、なければnullを返す。 gフラグ設定時は、一致したすべての文字列を格納した配列を返す。
String.matchAll(正規表現)	すべての一致結果を持つiterator（反復子）を返す。
String.search(正規表現)	文字列中で一致するものがあれば、その位置の数値を、なければ-1を返す。
String.replace(正規表現, 置換対象)	文字列中で一致するものがあれば置換対象に置き換える。置換対象には文字列だけではなく関数も指定可能。関数のときは複雑な置換ができる。
String.split(正規表現)	文字列を分割して配列にする。

MEMO
iterator（反復子）は、反復処理が可能なオブジェクトのことです。

正規表現の例は、のちほど紹介します。

▼ キャプチャ

正規表現では、「( )」（丸括弧）で囲んだ場所がキャプチャ（格納）されます。「( )」はキャプチャリング括弧と呼ばれます。

正規表現のパターンの中で「\1」「\2」……と書けば、キャプチャした文字を、パターンの中で使えます。たとえば/(きら|ころ|さら)\1/という正規表現は「きらきら」「ころころ」「さらさら」にマッチします。「きらころ」のような言葉に

MEMO
「( )」はグループ化とキャプチャを同時に行います。

はマッチしません。

chapter1/regexp/capture-search.html

```
07      // 正規表現の作成
08      const re = /(きら|ころ|さら)\1/;
09
10      // .search()で位置を検索して、コンソールに出力
11      let t;
12      t = 'きらきらした星。'; console.log(t, t.search(re));
13      t = '石がころころ。  '; console.log(t, t.search(re));
14      t = '水がさらさら。  '; console.log(t, t.search(re));
15      t = 'きらころした?。'; console.log(t, t.search(re));
```

Console

```
きらきらした星。  0
石がころころ。    2
水がさらさら。    2
きらころした?。  -1
```

また、キャプチャした文字列は、置換にも使えます。置換の文字列で使うときは「$1」「$2」……と書けば、キャプチャした1番目、2番目……の文字を、置換文字列の中で使えます。

chapter1/regexp/capture-replace.html

```
07      // 文字列を作成して、コンソールに出力
08      const t1 = 'Fighter attack Knight';
09      console.log(t1);
10
11      // .replace()で置換して、コンソールに出力
12      const t2 = t1.replace(/(\w+)( attack )(\w+)/, '$3$2$1');
13      console.log(t2);
```

Console

```
Fighter attack Knight
Knight attack Fighter
```

置換のとき、第2引数に関数を指定すると、第2引数以降がキャプチャした文字列になります。第1引数は一致した文字列の全体です。

chapter1/regexp/capture-replace-function.html

```
07     //  文字列を作成して、コンソールに出力
08     const t = 'Danger! Fighter attack Knight.';
09     console.log(t);
10
11     //  関数を利用して.replace()で置換
12     const re = /(\w+)( attack )(\w+)/;
13     const res = t.replace(re, function(s, s1, s2, s3) {
14         console.log(`  sは「${s}」`);        //  一致した全体
15         console.log(`  s1は「${s1}」`);      //  1番目のキャプチャ
16         console.log(`  s2は「${s2}」`);      //  2番目のキャプチャ
17         console.log(`  s3は「${s3}」`);      //  3番目のキャプチャ
18         return s3 + s2 + s1;
19     })
20
21     //  コンソールに出力
22     console.log(res);
```

Console

```
Danger! Fighter attack Knight.
  sは「Fighter attack Knight」
  s1は「Fighter」
  s2は「 attack 」
  s3は「Knight」
Danger! Knight attack Fighter.
```

MEMO
正規表現「(\w+)(attack)(\w+)」は、「(英数字1文字以上)(半角スペースattack半角スペース)(英数字1文字以上)」を意味します。英数字には、半角スペースやドットなどの記号は含まれません。

▼ 正規表現の例

　正規表現の例として、.match()と.matchAll()を使ったプログラムを示します。

　まずは.match()を使った例です。gフラグを使わずに、文字列が半角数字の郵便番号として有効かどうかを判定します。有効なら配列が、無効ならnullが返ります。配列の要素0には一致した文字列、要素1以降はキャプチャした文字列が入っています。複数の一致する場所があるときは、最初の1つだけがマッチします。

chapter1/regexp/match.html

```
07      // 正規表現を作成
08      const re = /(\d{3})-?(\d{4})/;
09
10      // .match()で判定して、コンソールに出力
11      let t;
12      t = '100-0001';          console.log(t, t.match(re));
13      t = '2790031';           console.log(t, t.match(re));
14      t = '２７９００３１';     console.log(t, t.match(re));
15      t = '1oo-ooo1';          console.log(t, t.match(re));
16      t = '1000001/2790031';   console.log(t, t.match(re));
```

Console

```
100-0001 (3) ["100-0001", "100", "0001",
    index: 0, input: "100-0001", groups: undefined]
2790031 (3) ["2790031", "279", "0031",
    index: 0, input: "2790031", groups: undefined]
２７９００３１ null
1oo-ooo1 null
1000001/2790031 (3) ["1000001", "100", "0001",
    index: 0, input: "1000001/2790031", groups: undefined]
```

'100-0001'と'2790031'は一致するので配列が返ります。要素0が一致した全体、要素1、2は、「( )」でキャプチャした部分がそれぞれ入ります。

次の'２７９００３１'（全角数字）と'1oo-ooo1'は一致しないのでnullが返ります。

'1000001/2790031'は、2箇所一致する場所がありますが、最初の物のみが一致します。

次はgフラグを使って.match()を使った例です。有効なら配列が、無効ならnullが得られます。配列には、一致した文字列の配列が入ります。「( )」を使っていても、キャプチャの結果は無視されます。

chapter1/regexp/match-g.html

```
07      // 正規表現を作成
08      const re = /(\d{3})-?(\d{4})/g;
09
10      // 文字列を作成
11      const t = '〒279-0031 千葉県浦安市舞浜1-1\n'
```

```
12         + '〒105-0011  東京都港区芝公園4-2-8\n'
13         + '〒100-0014  東京都千代田区永田町1-7-1';
14
15     // .match()で判定して、コンソールに出力
16     console.log(t.match(re));
```

Console

```
(3) ["279-0031", "105-0011", "100-0014"]
```

　最後は、.matchAll()を使った例です。正規表現にはgフラグが必要です。iterator（反復子）という反復処理が可能なオブジェクトを返します。for of文という構文を使い、1つずつ中身を取り出せます。こちらは、gフラグをつけなかった.match()のように、詳細な情報を取り出せます。

MEMO

for of文については、P.167で詳しく説明します。

chapter1/regexp/match-all.html

```
07     // 正規表現を作成
08     const re = /(\d{3})-?(\d{4})/g;
09
10     // 文字列を作成
11     const t = '〒279-0031  千葉県浦安市舞浜1-1\n'
12         + '〒105-0011  東京都港区芝公園4-2-8\n'
13         + '〒100-0014  東京都千代田区永田町1-7-1';
14
15     // .matchAll()で判定して、iteratorを得る
16     const matches = t.matchAll(re);
17
18     // iteratorから値を取り出して、コンソールに出力
19     for (const match of matches) {
20         console.log(match);
21     }
```

Console

```
(3) ["279-0031", "279", "0031"
    index: 1, input: (省略), groups: undefined]
(3) ["105-0011", "105", "0011"
    index: 23, input: (省略), groups: undefined]
(3) ["100-0014", "100", "0014"
    index: 47, input: (省略), groups: undefined]
```

正規表現の書き方の調べ方

　正規表現は便利ですが、Webの開発現場で使うような実用的なパターンを作るのは、初心者には難しいです。郵便番号に一致する程度なら短く書けますが、URLに一致する、メールアドレスに一致する、そうした正規表現は厳密に書くと非常に長くなります。

　そのため、そうした正規表現は自分で作らず、インターネットを検索して、多くの人が利用しているものをそのまま使ったほうがよいです。「JavaScript」「正規表現」「マッチさせたい内容」の3つをセットで検索して、目的の正規表現のパターンを探します。正規表現は、さまざまなプログラミング言語にあります。そしてプログラミング言語ごとに少しずつ書き方が違います。そのため情報を探すときは、プログラミング言語の名前も検索語に含めてください。

演算子

10

これまでにも演算子は出てきました。ここでは、まだ紹介していない演算子の中で、とくによく使うものを中心に紹介していきます。また、演算子の優先順位についても説明します。

▼ 代入演算子

演算子の中には、代入演算子と呼ばれる種類のものがあります。これまでは「=」(イコール)を学んできましたが、それ以外の代入演算子もあります。

たとえば、ある変数内の値に、数値を足したいとします。num = num + 16のように書きますが、同じ変数を2回書くことになり冗長です。代入演算子は、こうした計算をnum += 16のように書くことで短くできます。代表的なものを、以下に示します **01** 。

01 代入演算子

演算子	意味
変数 += n	変数の値にnを加算して代入
変数 -= n	変数の値にnを減算して代入
変数 *= n	変数の値にnを乗算して代入
変数 /= n	変数の値にnを除算して代入
変数 %= n	変数の値の、nの剰余を代入

ほかにも、左辺と右辺を計算して値を返す演算子には、代入演算子があるものが多いです。

▼ インクリメントとデクリメント

変数の処理でとくに多いものに、1を足す、1を引くというものがあります。たとえばくり返し処理で、配列の要素を参照する値を1ずつ大きくする、あるいは1ずつ小さくする計算は非常に多く出てきます。これまでに学んだ方法では、num = num + 1あるいはnum += 1と書きます。しかし、もっと短く書く方法があります。num++と書くだけで、変数の中の値を1大きくできます。同じようにnum--と書くと、変数の中の値を1小さくできます。

このとき、大きくする処理を**インクリメント**、小さくする処理を**デクリメント**と呼びます。

```
num++
```

```
num--
```

インクリメントとデクリメントは単独で使うこともできますが、計算式の中に
入れて使うこともできます。その際は注意が必要です。num++、num--と書
いたときは、加算や減算する前の値を計算式で使います。その後、加算や減
算が行われます。

以下に例を示します。変数resの値は12です。加算前の8に4を足して12
になります。変数numの値は9です。計算後に8に1を足して9になります。

chapter1/operator/increment-after.html

```
07      // 数値を作成
08      let num = 8;
09
10      // インクリメントを含めた計算
11      let res = num++ + 4;
12
13      // コンソールに出力
14      console.log(res);
15      console.log(num);
```

Console

```
12
9
```

先に加算や減算してから計算式で使いたいときは、++numや--numのよ
うに、インクリメントやデクリメントの記号を先に書きます。

以下に例を示します。変数resの値は13です。計算前に変数numは、8に
1を足して9になります。そのため変数resは、9に4を足して13になります。

chapter1/operator/increment-before.html

```
07      // 数値を作成
08      let num = 8;
09
```

```
10      // インクリメントを含めた計算
11      let res = ++num + 4;
12
13      // コンソールに出力
14      console.log(res);
15      console.log(num);
```

`Console`

```
13
9
```

それぞれ、後に記号を書くときは後置型、前に記号を書くときは前置型と呼びます。以下に表を示します **02** 。

02 インクリメント演算子、デクリメント演算子

演算子	名前	意味
A++	後置型インクリメント演算子	先に値を計算式で使ってから加算
A--	後置型デクリメント演算子	先に値を計算式で使ってから減算
++A	前置型インクリメント演算子	先に加算してから値を計算式で使う
--A	前置型デクリメント演算子	先に減算してから値を計算式で使う

▼ 分割代入

配列やオブジェクトから、個別の値を変数に取り出すには簡易な方法があります。それが**分割代入**です。左辺に配列リテラルを書き、右辺に配列を置きます。あるいは左辺にオブジェクトリテラルを書き、右辺にオブジェクトを置きます。そして対応する変数に値を代入します。

配列の場合は、左辺の要素0の位置の変数に、右辺の要素0の値を代入します。同じように、左辺の要素1の位置の変数に、右辺の要素1の値を代入します。残りの値をまとめて1つの変数に入れたいときは「...変数」という残余構文を使います。

`chapter1/destructuring-assignment/array.html`

```
07      // 配列を作成
08      const catArr = ['タマ', 'ミケ', 'トラ', 'クロ', 'シロ'];
```

MEMO
配列は、値が順に並んだデータ形式です。オブジェクトは、名前と値がセットになったデータ形式です。

```
09
10     // 分割代入する
11     const [cat0, cat1, ...catRest] = catArr;
12
13     // 変数の値をコンソールに出力
14     console.log(cat0);
15     console.log(cat1);
16     console.log(catRest);
```

`Console`

```
タマ
ミケ
(3) ["トラ", "クロ", "シロ"]
```

オブジェクトの場合は、左辺の変数に、変数名と同じプロパティ名の右辺の
プロパティの値を代入します。残りの値をまとめて1つの変数に入れたいとき
は「...変数」という残余構文を使います。

`chapter1/destructuring-assignment/object.html`

```
07     // オブジェクトを作成
08     const animalObj = {
09        cat: 'ニャー',
10        dog: 'ワン',
11        cow: 'モー',
12        mouse: 'チュー'
13     };
14
15     // 分割代入する
16     const {cat, dog, ...animalRest} = animalObj;
17
18     // 変数の値をコンソールに出力
19     console.log(cat);
20     console.log(dog);
21     console.log(animalRest);
```

`Console`

```
ニャー
ワン
{cow: "モー", mouse: "チュー"}
```

▼ 演算子の優先順位

　演算子には優先順位があります。式の中に2つ以上の演算子があるときに、どの演算子から解決していくかの順番です。優先順位が高いほど先に計算されます。同じ順位のものが並んでいるときは、左から順に解決していきます。

　紹介していない演算子もありますが、よく使う演算子の優先順位をまとめた表を、以下に掲載します **03**。

03 演算子の優先順位

優先順位	演算子	説明
21	(…)	グループ化
20	… . … … […]	オブジェクトや配列の値へのアクセス
	new … (…)	引数付きでオブジェクトを生成
	… (…)	関数呼び出し
19	new …	引数なしでオブジェクトを生成
18	… ++ … --	後置型インクリメント 後置型デクリメント
17	! … + … - …	単項演算子
	++ … -- …	前置型インクリメント 前置型デクリメント
	typeof …	型を文字列で返す
	delete …	オブジェクトのプロパティを削除
	await …	await
16	… ** …	べき乗
15	… * … … / … … % …	乗算 除算 剰余
14	… + … … - …	加算 減算
13	… << … … >> … … >>> …	ビットシフト
12	… < … … <= … … > … … >= …	比較

優先順位	演算子	説明
11	··· == ··· ··· != ··· ··· === ··· ··· !== ···	等価、不等価
10	··· & ···	ビット単位 AND
9	··· ^ ···	ビット単位 XOR
8	··· | ···	ビット単位 OR
7	··· && ···	論理積 AND
6	··· || ···	論理和 OR
5	··· ?? ···	Null 合体
4	··· ? ··· : ···	条件
3	··· = ··· ··· += ···ほか	代入
2	yield ···	yield
1	··· , ···	カンマ

この中で、覚えておくほうがよいのは、「( )」がもっとも優先順位が高く、オブジェクトや配列の値へのアクセスが、次に高いことです。そのあと、関数の呼び出しが続き、乗除の計算、加減の計算があり、左右の値を比較する演算子は最後のほうにきます 04 。

04 おおまかな優先順位

```
高
↑   ・グループ化「( )」
    ・オブジェクトや配列の値へのアクセス
    ・関数の呼び出し
    ・乗除の計算
    ・加減の計算
↓   ・左右の値の比較
低
```

いくつかの演算子について、少し触れておきます。awaitやyieldは、非同期処理で使われる演算子です。非同期処理は、のちほど出てきます。

Null 合体演算子「??」は、左辺がnullやundefinedでなければ左辺の値を返し、nullやundefinedなら右の値を返します。論理積や論理和の仲間です。

　説明にビットがつく演算子は、数値を0と1のビットの並びとして計算するものです。Webページのプログラムを書くときに使うことは、まずないでしょう。必要があれば調べる程度でよいです。

CHAPTER

2

基本データ操作

オブジェクト

01

すでに出てきているオブジェクトですが、さらに詳しく解説します。関数のプロパティであるメソッド、特殊なプロパティを作るSetterやGetter、新しいオブジェクトを作るnew演算子などを学びます。

▼ データと処理

オブジェクトについては、CHAPTER 1ですでに出てきました。プロパティと呼ばれる、名前と値のペアで情報を管理しているデータ形式です。また、値が関数のときは、メソッドと呼ばれます。オブジェクトは、プロパティとメソッドを持ち、データと処理をまとめて管理できます 01 。

01 オブジェクト

```
┌─────────────────────────────────────────┐
│        ┌───────────────┐                 │
│  ──────┤  オブジェクト   ├──────           │
│        └───────────────┘                 │
│                                          │
│   プロパティ  ·············  データ         │
│                                          │
│   メソッド   ·············  処理           │
│                                          │
└─────────────────────────────────────────┘
```

▼ メソッド、Setter、Getter

これまでオブジェクトリテラルとして、名前と値をセットにしたプロパティの書き方を紹介してきました。ここではさらに、メソッドの簡単な書き方と、Setter、Getterと呼ばれる特殊なプロパティの作り方を紹介します。

Setterは、プロパティに値を代入すると呼び出される関数です。Setterでは代入した値が、プロパティに登録した関数の引数として渡されます。

Getterは、プロパティから値を得ようとすると呼び出される関数です。Getterでは、プロパティに登録した関数の戻り値が、値として得られます。

書き方を次に示します。

```
{
    ⋮
    プロパティ名: 値,
    メソッド名(引数) {
        メソッドの処理
        return 戻り値;
    },
    get プロパティ名() {
        Getterの処理
        return 戻り値;
    },
    set プロパティ名(引数) {
        Setterの処理
    },
    プロパティ名: 値,
    ⋮
}
```

これらの機能を実際に利用した例を示します。

chapter2/object/object.html

```
07    // オブジェクトの作成
08    const animal = {
09        name: '',
10        age: 0,
11        getInf() {
12            // メソッドの処理
13            return `${this.name}(${this.age}歳)`;
14        },
15        get inf() {
16            // Getterの処理
17            return this.getInf();
18        },
19        set month(x) {
20            // Setterの処理
21            this.age = Math.trunc(x / 12);
22        }
```

```
23      }
24
25      // プロパティを使い、値を変更
26      animal.name = 'タマ';
27
28      // Setterを使い、値を渡す
29      animal.month = 26;
30
31      // Getterを使い、値を得る
32      console.log(animal.inf);
33
34      // メソッドを使う
35      console.log(animal.getInf());
```

`Console`

```
タマ(2歳)
タマ(2歳)
```

▼ new演算子とインスタンス

　これまで何度かnew演算子が出てきましたが、どういったものなのか説明していませんでした。オブジェクトの中には設計図のようなものを内部に持っており、new演算子でオブジェクトを作るものがあります。こうして作られたものをインスタンスと呼びます。もとのオブジェクトはコンストラクターと呼びます。インスタンスは「実体」の意味です。コンストラクターは「構築するもの」という意味です。

　ビルトインオブジェクトの中には、new演算子を使ってコンストラクターからインスタンスを作るものが多いです。そうしたオブジェクトは、コンストラクターが持つ静的プロパティと静的メソッド、インスタンスが持つインスタンスプロパティとインスタンスメソッドをそれぞれ持っています。

　静的プロパティと静的メソッドは、コンストラクターの状態で使えるプロパティとメソッドです。インスタンスプロパティとインスタンスメソッドは、インスタンスの状態で使えるプロパティとメソッドです 02 。

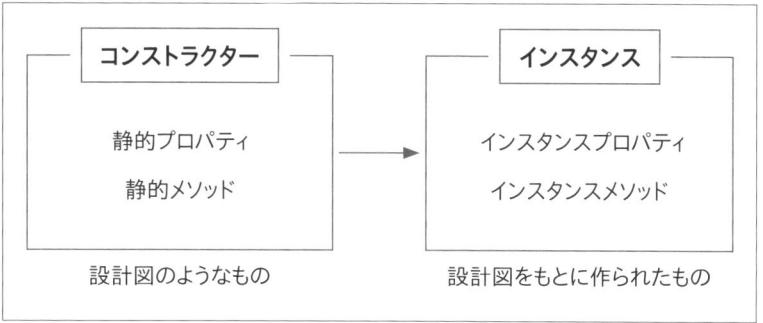

new演算子については、P.181のクラスのところで、さらに詳しく説明します。クラスは、コンストラクターを手軽に作れるES6以降の構文です。

constで宣言した変数のオブジェクト

JavaScriptに慣れていない人がよく間違うところに、constで宣言した変数にオブジェクトを代入したときの挙動があります。

constで宣言した変数に代入した値は変更できません。しかし、オブジェクトを代入したときは、その変数に入っているのはオブジェクトの参照でしかありません。そのオブジェクトのプロパティを書き換えることに制限はありません。これは、配列も同じです。要素を自由に書き換えたり、追加したり、削除したりできます。

しかし、変数の中に入っているオブジェクトや配列を、別の値に変更しようとするとエラーが起きます。

以下に例を示します。プロパティの値の変更や、プロパティの追加や削除を行ってもエラーは出ません。変数に入れる値を変更するとエラーが起きます。

chapter2/object/const.html

```
07    // 定数変数を宣言してオブジェクトを代入
08    const animal = {name: 'ポチ', age: 4};
09    console.log(animal);
10
11    // プロパティの値の書き換え
12    animal.name = 'タマ';
13    animal.age = 3;
14    console.log(animal);
```

```
15
16    // プロパティの追加と削除
17    animal.type = 'cat';
18    delete animal.age;
19    console.log(animal);
20
21    // 再代入
22    animal = {name: 'ココア', age: 2};
23    console.log(animal);
```

Console

```
{name: "ポチ", age: 4}
{name: "タマ", age: 3}
{name: "タマ", type: "cat"}
Uncaught TypeError: Assignment to constant variable.
    at const.html:22
```

ビルトインオブジェクト

02

Object、Math、Array、String、JSONなど、すでにいくつかのビルトインオブジェクトの静的メソッドは紹介しています。ここでは、String、Dateのインスタンスメソッドを中心に紹介します。

▼ String

文字列のStringオブジェクトには、多くのメソッドが用意されています。JavaScriptはWebページで使うプログラミング言語なので、文字列を扱うことが多いです。そうした機能を、ここでは見ていきます。

正規表現を使ったメソッドについては、すでに紹介済みなので、それ以外を紹介します。

正規表現を使わない検索

Stringオブジェクトには、正規表現を使わない検索メソッドも多くあります。特定の文字列が含まれているかどうか、あるいはどの位置にあるかを調べるメソッドです。ここでは、そうしたメソッドを紹介します 01 。

01 正規表現を使わない検索メソッド

メソッド	意味
.includes(s[, n])	文字列sが含まれるならtrue、それ以外はfalseを返す。nは検索開始位置で省略可能。
.endsWith(s[, n])	末尾が文字列sならtrue、それ以外はfalseを返す。nは文字列長（末尾位置）で省略可能。
.startsWith(s[, n])	先頭が文字列sならtrue、それ以外はfalseを返す。nは先頭位置で省略可能。
.indexOf(s[, n])	文字列sの位置を先頭から探して返す。ないなら-1。nは検索開始位置で省略可能。
.lastIndexOf(s[, n])	文字列sの位置を末尾から探して返す。ないなら-1。nは検索開始位置で省略可能。

MEMO

位置を探すメソッドは、失敗すると-1を返すことが多いです。

正規表現を使わない検索メソッドの例を示します。.includes()、.startsWith()、.endsWith()では、文字列があるときはtrue、ないときはfalseが返ります。.indexOf()、.lastIndexOf()では、文字列があるときは位置の数値が、ないときは-1が返ります。

chapter2/string/raw_search.html

```
07    // 文字列を作成
08    const s = '<p>猫のタマが3歳になった誕生日。</p>';
09
10    // .includes()の結果をコンソールに出力
11    console.log('--- includes ---');
12    console.log(s.includes('猫'));
13    console.log(s.includes('犬'));
14
15    // .startsWith()の結果をコンソールに出力
16    console.log('--- startsWith ---');
17    console.log(s.startsWith('<p>'));
18    console.log(s.startsWith('<h1>'));
19
20    // .endsWith()の結果をコンソールに出力
21    console.log('--- endsWith ---');
22    console.log(s.endsWith('</p>'));
23    console.log(s.endsWith('</h1>'));
24
25    // .indexOf()の結果をコンソールに出力
26    console.log('--- indexOf ---');
27    console.log(s.indexOf('猫'));
28    console.log(s.indexOf('犬'));
29
30    // .lastIndexOf()の結果をコンソールに出力
31    console.log('--- lastIndexOf ---');
32    console.log(s.lastIndexOf('。'));
33    console.log(s.lastIndexOf('、'));
```

Console

```
--- includes ---
true
false
--- startsWith ---
true
false
--- endsWith ---
true
false
--- indexOf ---
3
```

```
-1
--- lastIndexOf ---
17
-1
```

文字列の抜き出し

　Stringオブジェクトには、文字列の一部を抜き出して、新しいStringオブジェクトを作るメソッドがいくつかあります。似たような機能で、名前も似ているので区別がつきにくいですが、少しずつ用途が違います 02 。

MEMO

この中では、文字列長を指定する.substr()がわかりやすくて便利です。

02 文字列を抜き出すメソッド

メソッド	意味
.substr(a[, b])	aから開始して、文字数b個分の文字を得る。bを省略したときは末尾まで。aが負のときは末尾から開始。bが負のときは0とみなす。
.substring(a[, b])	aから開始して、bの直前までの文字を得る。bを省略したときは末尾まで。a、bが負のときは0とみなす。bがaより小さいときは、aとbを交換する。
.slice(a[, b])	aから開始して、bの直前までの文字を得る。bを省略したときは末尾まで。aが負のときは末尾から開始。bが負のときは末尾から数える。

　以下に例を示します。さまざまな方法で文字列の一部を抜き出しています。上記の表と見比べて、どの部分を抜き出しているのか確認してください。

`chapter2/string/get_part.html`

```
07      //  文字列を作成
08      const s = '鼠牛虎兎竜蛇馬羊猿鳥犬猪';
09
10      //  .substr()の結果をコンソールに出力
11      console.log('--- substr ---');
12      console.log(s.substr(6));
13      console.log(s.substr(6, 2));
14      console.log(s.substr(-3, 2));
15
16      //  .substring()の結果をコンソールに出力
17      console.log('--- substring ---');
18      console.log(s.substring(6));
19      console.log(s.substring(6, 8));
```

```
20    console.log(s.substring(8, 6));
21    console.log(s.substring(-2, 3));
22
23    // .slice()の結果をコンソールに出力
24    console.log('--- slice ---');
25    console.log(s.slice(6));
26    console.log(s.slice(6, 8));
27    console.log(s.slice(8, 6));
28    console.log(s.slice(-3, -1));
```

`Console`

```
--- substr ---
馬羊猿鳥犬猪
馬羊
鳥犬
--- substring ---
馬羊猿鳥犬猪
馬羊
馬羊
鼠牛虎
--- slice ---
馬羊猿鳥犬猪
馬羊

鳥犬
```

文字列の加工

文字列を加工して別の文字列を作る。そうしたメソッドも、Srtingオブジェクトには豊富にあります **03**。

trim系の命令は、文字列の前後の不要な文字を削除してくれます。逆にpad系の命令は、文字列の前後に別の文字を加えて、文字列の長さを調整してくれます。repeatは文字列をくり返してくれるので、Webページを作る途中に仮に入れておくダミー文字を作るのに便利です。大文字、小文字に変換してくれるメソッドは、英語の文字列が一致するか確かめる前に、どちらかに統一するのに使えます。

MEMO
ダミー文字とは、本番の文章が入る前に、仮に入れておく無関係な文字列のことです。たまに本番用の文章に差し替え忘れて公開されているのを目撃します。

03　文字列を加工するメソッド

メソッド	意味
.trim()	前後のホワイトスペースを除去した文字列を返す。
.trimStart()	先頭のホワイトスペースを除去した文字列を返す。
.trimEnd()	末尾のホワイトスペースを除去した文字列を返す。
.padEnd(n[, s])	文字列長をnにするために、末尾を文字列sで埋めた文字列を返す。もとの文字列がnより短いときはそのまま返す。sを省力したときは半角スペース。
.padStart(n[, s])	文字列長をnにするために、先頭を文字列sで埋めた文字列を返す。もとの文字列がnより短いときはそのまま返す。sを省力したときは半角スペース。
.repeat(n)	文字列をn回くり返す。
.toLowerCase()	小文字に変換した文字列を返す。
.toUpperCase()	大文字に変換した文字列を返す。

MEMO
ホワイトスペースは、スペースや改行、タブ文字などです。

　以下に例を示します。まずはtrim系です。前後のホワイトスペースを除去します。

`chapter2/string/processing_trim.html`

```
07      // 文字列を作成
08      const s = `
09      <p>猫のタマと遊ぶ。</p>
10      `;
11
12      // trim系メソッドの結果をコンソールに出力
13      console.log('--- trim ---');
14      console.log('|' + s.trim() + '|');
15      console.log('--- trimStart ---');
16      console.log('|' + s.trimStart() + '|');
17      console.log('--- trimEnd ---');
18      console.log('|' + s.trimEnd() + '|');
```

`Console`

```
-- trim ---
|<p>猫のタマと遊ぶ。</p>|
--- trimStart ---
|<p>猫のタマと遊ぶ。</p>
    |
```

```
--- trimEnd ---
|
        <p>猫のタマと遊ぶ。</p>|
```

以下に例を示します。pad系です。前後に文字を補います。

chapter2/string/processing_pad.html

```
07      // 文字列を作成
08      const s = '3456';
09
10      // .padEnd()の結果を、コンソールに出力
11      console.log('--- padEnd ---');
12      console.log('|' + s.padEnd(8)        + '|');
13      console.log('|' + s.padEnd(8, '#')  + '|');
14      console.log('|' + s.padEnd(8, '<=') + '|');
15      console.log('|' + s.padEnd(2, '#')  + '|');
16
17      // .padStart()の結果を、コンソールに出力
18      console.log('--- padStart ---');
19      console.log('|' + s.padStart(8)        + '|');
20      console.log('|' + s.padStart(8, '0')  + '|');
21      console.log('|' + s.padStart(8, '=>') + '|');
22      console.log('|' + s.padStart(2, '0')  + '|');
```

Console

```
--- padEnd ---
|3456    |
|3456####|
|3456<=<=|
|3456|
--- padStart ---
|    3456|
|00003456|
|=>=>3456|
|3456|
```

次に、その他のメソッドの例を示します。

chapter2/string/processing_other.html

```
07    // 文字列を作成
08    let s = 'Cat And Dog. ';
09
10    // .repeat()の結果をコンソールに出力
11    console.log('--- repeat ---');
12    console.log('|' + s.repeat(4) + '|');
13
14    // .toLowerCase()の結果をコンソールに出力
15    console.log('--- toLowerCase ---');
16    console.log('|' + s.toLowerCase() + '|');
17
18    // .toUpperCase()の結果をコンソールに出力
19    console.log('--- toUpperCase ---');
20    console.log('|' + s.toUpperCase() + '|');
```

Console

```
--- repeat ---
|Cat And Dog. Cat And Dog. Cat And Dog. Cat And Dog. |
--- toLowerCase ---
|cat and dog. |
--- toUpperCase ---
|CAT AND DOG. |)
```

1文字単位の操作

　文字列は1文字単位であつかうこともできます。ここでは、そうした方法を紹介します。

　まずは、文字列から1文字ずつを取り出す方法です。「[ ]」（角括弧）を使い、配列のように先頭から文字を取り出せます。また、.charAt()でも同じことができます。数値は0から始まります。文字列の長さは、.lengthプロパティで得られます。

```
文字列[数値]
```

```
文字列.charAt(数値)
```

```
文字列.length
```

　次は文字列を配列にする方法です。文字列を1文字ずつの配列にするには.split()を使うか、Array.from()あるいは「...」（ドットを3つ）のスプレッド構文を使います。

　「[ ]」（角括弧）や.charAt()、.split()を使う方法では、絵文字を1文字として分割できません。また、絵文字が含まれていると、.lengthを使って正しい文字の長さを得られません。

　Array.from()あるいはスプレッド構文では、絵文字を分割できます。ただし、うまくいかない文字もあるので、絵文字を正確に分割するには、複雑な処理を行ってくれるライブラリを探して利用する必要があります。

MEMO
ふつうの文字列を扱う範囲では、「[ ]」や.charAt()、.split()で問題はないです。

```
文字列.split('')
```

```
Array.from(文字列)
```

```
[...文字列]
```

　以下に例を示します。絵文字を含む場所では、結果が変わっています。

chapter2/string/char.html

```
07    // 絵文字混じりの文字列を作成
08    const s = '猫犬牛😀狐';
09
10    // 角括弧で文字を取り出してコンソールに出力
11    console.log('--- 角括弧 ---');
12    console.log(s[0], s[1], s[2], s[3], s[4], s[5]);
13
14    // .charAt()で文字を取り出してコンソールに出力
15    console.log('--- charAt ---');
16    console.log(s.charAt(0), s.charAt(1), s.charAt(2),
17              s.charAt(3), s.charAt(4), s.charAt(5));
18
19    // .split()で文字列を配列にしてコンソールに出力
20    console.log('--- split ---');
21    console.log(s.split(''));
22
23    // Array.from()で文字列を配列にしてコンソールに出力
```

```
24      console.log('---  Array.from ---');
25      console.log(Array.from(s));
26
27      //  スプレッド構文で文字列を配列にしてコンソールに出力
28      console.log('---  スプレッド構文  ---');
29      console.log([...s]);
```

`Console`

```
---  角括弧  ---
猫 犬 牛 � � 狐
---  charAt  ---
猫 犬 牛 � � 狐
---  split  ---
(6) ["猫", "犬", "牛", "�", "�", "狐"]
---  Array.from  ---
(5) ["猫", "犬", "牛", "😺", "狐"]
---  スプレッド構文  ---
(5) ["猫", "犬", "牛", "😺", "狐"]
```

文字列を数値から作る

文字コードなどの数値から、文字を作ったり逆の操作をしたりする方法をここでは紹介します。文字コードを使う方法と、Unicodeのコードポイントを使う方法があります。

文字コードは、コンピュータ上で文字を表現するために、文字に割り当てられた数値のことです。バイナリエディタで、この数値を入力して保存すれば、テキストエディタで開いた際に、そのまま文字として読めます。

コードポイントは、Unicodeの文字集合内で頭から順番に振った数値のことです。文字集合内での位置であり、文字コードとは違うものです。

以下は、文字コードやコードポイントを使って文字列を作る、Stringの静的メソッドです 04 。

MEMO
バイナリエディタは、ファイルのbyteの数値を見て、直接編集できるエディタです。

04 文字コードやコードポイントで文字列を作るメソッド

メソッド	意味
String . fromCharCode(n1, n2, . . .)	引数の数値（文字コード）を使い、文字列を作る。
String . fromCodePoint(n1, n2, . . .)	引数の数値（コードポイント）を使い、文字列を作る。

次は、文字列から文字コードやコードポイントを得る、Srtingオブジェクトのメソッドです **05**。

05 文字列から文字コードやコードポイントを得るメソッド

メソッド	意味
. charCodeAt(n)	nの位置の文字のUTF-16の数値を返す。
. codePointAt(n)	nの位置の文字のUTF-16エンコードされた際のコードポイントの数値を返す。

以下に例を示します。まずは文字コードの例です。絵文字の長さが、文字コードとコードポイントで違います。文字コードだと2文字分です。

`chapter2/string/code-1.html`

```
07      // 文字列を作成　アルファベットと日本語と絵文字
08      const s = 'cat猫🐱';
09
10      // .charCodeAt()の結果をコンソールに出力
11      const a1 = s.charCodeAt(0);
12      const a2 = s.charCodeAt(3);
13      const a3 = s.charCodeAt(4);
14      const a4 = s.charCodeAt(5);
15      console.log('--- charCodeAt ---');
16      console.log(a1, a2, a3, a4);
17
18      // String.fromCharCode()の結果をコンソールに出力
19      console.log('--- String.fromCharCode ---');
20      console.log(
21          String.fromCharCode(a1), String.fromCharCode(a2),
22          String.fromCharCode(a3), String.fromCharCode(a4)
23      );
24      console.log(String.fromCharCode(a1, a2, a3, a4));
```

`Console`

```
--- charCodeAt ---
99 29483 55357 56369
--- String.fromCharCode ---
c 猫 � �
c猫🐱
```

以下に例を示します。次はコードポイントの例です。絵文字の長さが、文字コードとコードポイントで違います。コードポイントだと1文字分です。

chapter2/string/code-2.html

```
07      // 文字列を作成　アルファベットと日本語と絵文字
08      const s = 'cat猫🐈';
09
10      // .codePointAt()の結果をコンソールに出力
11      const b1 = s.codePointAt(0);
12      const b2 = s.codePointAt(3);
13      const b3 = s.codePointAt(4);
14      console.log('--- codePointAt ---');
15      console.log(b1, b2, b3);
16
17      // String.fromCodePoint()の結果をコンソールに出力
18      console.log('--- String.fromCodePoint ---');
19      console.log(
20          String.fromCodePoint(b1), String.fromCodePoint(b2),
21          String.fromCodePoint(b3)
22      );
23      console.log(String.fromCodePoint(b1, b2, b3));
```

Console

```
--- codePointAt ---
99 29483 128049
--- String.fromCodePoint ---
c 猫 🐈
c猫🐈
```

Date

日時について

　プログラムでは日時を扱うことも多いです。JavaScriptの日時の処理は、Dateオブジェクトを使います。日時の処理はとても複雑です。60秒、60分、24時間、28〜31日、12ヶ月といった桁の変化をします。また閏年などの処理も入ります。タイムゾーンと呼ばれる、世界の各地での時間の違いもあります。かなり複雑ですので自分で書こうとせず、プログラミング言語に用意されている方法を使ってください。Dateオブジェクトを使えば、年月日や時分秒など時間を計算して取得できます。

JavaScriptのDateオブジェクトは、1970年1月1日00:00:00からのミリ秒で時間を計算します。この基準日時は、UTC（世界協定時）です。日本標準時は、UTCから9時間ずれています。JavaScriptのDateオブジェクトには多くのメソッドがあり、地方時（日本の場合は日本標準時）やUTCで結果を得ることができます。

Dateオブジェクトの作成、文字列化、数値化

Dateオブジェクトは、new演算子を使い、Date()を実行することで作れます。引数を何も設定しないと現在の時間のDateオブジェクトを作ります。引数を設定すると、その引数に合わせたDateオブジェクトを作ります。

Date()の引数には、基準日時からのミリ秒や、日時を表す文字列、年月日時分秒などを「,」（カンマ区切り）の数値で指定する方法などがあります。

```
new Date()
```

```
new Date(ミリ秒の数値)
```

```
new Date(年, 月, 日, 時, 分, 秒)
```

文字列で書く方法はいくつかあるのですが、ISO 8601形式がわかりやすく、標準的でよいです。ISO 8601では、YYYY-MM-DDTHH:mm:ss.sssZの形で、それぞれ年（Y4桁）、月（M2桁）、日（D2桁）、時（H2桁）、分（m2桁）、秒（ss2桁、ss.sssでミリ秒まで）で書きます。途中まで書いて、以降の数値を省略しても大丈夫です。

末尾はタイムゾーン（時差のある世界各地の標準時）で、ZはUTC（世界協定時）を指します。日本は世界協定時より9時間進んでいます。

```
new Date('日時を表す文字列')
```

静的メソッドのDate.UTC()を使い、年月日時分秒の数値をカンマ区切りで書く方法で、基準日時からのミリ秒を得ることもできます。

```
Date.UTC(年, 月, 日, 時, 分, 秒)
```

MEMO
UTCの大まかな把握としては、本初子午線（経度0度、イギリスのグリニッジ）の時間とイメージしておくとよいです。

MEMO
月の指定は0～11の数値で行います。1月は0、12月は11です。プログラムでは多くの場合、月は0～11の数値で表します。アメリカの月の数え方が、January、Februaryのような文字のため、その配列を参照するのに都合がよいためです。そのため、日本の1月、2月を表すときには、1を足したり引いたりする必要があります。

MEMO
ISO 8601形式では、月を01から12で表します。

地方時ではなく、UTCで時間を初期化したいときは、この方法とnew Date()を組み合わせます。

```
new Date(Date.UTC(年，月，日，時，分，秒))
```

Dateオブジェクトから、日時を表す文字列や数値を取り出すメソッドを紹介します **06**。

06 日時を表す文字列や数値を取り出すメソッド

メソッド	意味
.toISOString()	ISO 8601 の文字列で得る。
.toJSON()	.toISOString()と同じ。
.toUTCString()	UTCタイムゾーンを使用する文字列を得る。
.toString()	文字列を得る。
.toLocaleString()	その言語の書式で文字列を得る。
.toDateString()	日付部分の文字列を得る。
.toLocaleDateString()	その言語の書式で日付部分の文字列を得る。
.toTimeString()	時刻部分の文字列を得る。
.toLocaleTimeString()	その言語の書式で時刻部分の文字列を得る。
.valueOf()	数値を返す。
.getTime()	.valueOf()と同じ。
.getTimezoneOffset()	現地の時間帯のオフセットの分（ふん）を返す。

以下に例を示します。日本標準時とUTCに9時間のずれがあるため、2030年1月1日0時0分0秒の現地時間でDateオブジェクトを作ると、UTC（世界協定時）では2029年12月31日の15時になります。

chapter2/date/new-num.html

```
07    // Dateオブジェクトを作成
08    const d = new Date(2030, 0, 1);
09
10    // 各メソッドの結果をコンソールに出力
11    console.log('toISOString          :', d.toISOString());
12    console.log('toUTCString          :', d.toUTCString());
13    console.log('toString             :', d.toString());
14    console.log('toDateString         :', d.toDateString());
15    console.log('toLocaleDateString   :', d.toLocaleDateString());
16    console.log('toTimeString         :', d.toTimeString());
```

```
17      console.log('toLocaleTimeString :', d.toLocaleTimeString());
18      console.log('valueOf            :', d.valueOf());
19      console.log('getTimezoneOffset  :', d.getTimezoneOffset());
```

Console

```
toISOString       : 2029-12-31T15:00:00.000Z
toUTCString       : Mon, 31 Dec 2029 15:00:00 GMT
toString          : Tue Jan 01 2030 00:00:00 GMT+0900 (日本標準時)
toDateString      : Tue Jan 01 2030
toLocaleDateString : 2030/1/1
toTimeString      : 00:00:00 GMT+0900 (日本標準時)
toLocaleTimeString : 0:00:00
valueOf           : 1893423600000
getTimezoneOffset : -540
```

以下に、Date.UTC()を使い、UTCでDateオブジェクトを作成する例を示します。

chapter2/date/new-utc.html

```
07      // Dateオブジェクトを作成
08      const d = new Date(Date.UTC(2030, 0, 1));
09
10      // 各メソッドの結果をコンソールに出力
11      console.log('toISOString        :', d.toISOString());
12      console.log('toUTCString        :', d.toUTCString());
13      console.log('toString           :', d.toString());
14      console.log('toDateString       :', d.toDateString());
15      console.log('toLocaleDateString :', d.toLocaleDateString());
16      console.log('toTimeString       :', d.toTimeString());
17      console.log('toLocaleTimeString :', d.toLocaleTimeString());
18      console.log('valueOf            :', d.valueOf());
19      console.log('getTimezoneOffset  :', d.getTimezoneOffset());
```

Console

```
toISOString       : 2030-01-01T00:00:00.000Z
toUTCString       : Tue, 01 Jan 2030 00:00:00 GMT
toString          : Tue Jan 01 2030 09:00:00 GMT+0900 (日本標準時)
toDateString      : Tue Jan 01 2030
toLocaleDateString : 2030/1/1
```

```
toTimeString        :  09:00:00 GMT+0900 （日本標準時）
toLocaleTimeString  :  9:00:00
valueOf             :  1893456000000
getTimezoneOffset   :  -540
```

　また、ISO 8601で時間で書く場合は、UTCで作成したり、日本のタイムゾーンで作成したりすることができます。

chapter2/date/new-iso8601.html

```
07      // ISO 8601形式でDateオブジェクトを作成
08      const dJapan = new Date('1999-01-01T00:00:00+09:00');
09      const dUTC   = new Date('1999-01-01T00:00:00Z');
10
11      // ISO 8601形式のUTCでコンソールに出力
12      console.log('日本標準時→世界協定時 :', dJapan.toISOString());
13      console.log('世界協定時→世界協定時 :', dUTC.toISOString());
```

Console

```
日本標準時→世界協定時 :  1998-12-31T15:00:00.000Z
世界協定時→世界協定時 :  1999-01-01T00:00:00.000Z
```

日時の取得や変更

　作ったDateオブジェクトの年月日時分秒を得たり、変えたりするメソッドもあります。値を設定するset系のメソッドでは、月や日の範囲外の数値を引数にした場合、その数値に応じた日時に変換してくれます。たとえば日で0を指定したときは、前月の末尾の日とみなしてくれます。

　これらのメソッドには、地方時で計算するメソッドと、UTCで計算するメソッドがあります 07 08 09 10 。UTCで計算する方は、メソッド名にUTCの文字が入ります。

07 地方時を返すメソッド

メソッド	意味
.getFullYear()	地方時の年（1999など）を返す。
.getMonth()	地方時の月（0〜11）を返す。
.getDate()	地方時の日（1〜31）を返す。
.getDay()	地方時の曜日（0〜6）を返す。
.getHours()	地方時の時（0〜23）を返す。
.getMinutes()	地方時の分（0〜59）を返す。
.getSeconds()	地方時の秒（0〜59）を返す。
.getMilliseconds()	地方時のミリ秒（0〜999）を返す。

08 UTCを返すメソッド

メソッド	意味
.getUTCFullYear()	UTCの年（1999など）を返す。
.getUTCMonth()	UTCの月（0〜11）を返す。
.getUTCDate()	UTCの日（1〜31）を返す。
.getUTCDay()	UTCの曜日（0〜6）を返す。
.getUTCHours()	UTCの時（0〜23）を返す。
.getUTCMinutes()	UTCの分（0〜59）を返す。
.getUTCSeconds()	UTCの秒（0〜59）を返す。
.getUTCMilliseconds()	UTCのミリ秒（0〜999）を返す。

09 地方時で日時を設定するメソッド

メソッド	意味
.setFullYear(n)	地方時の年（1999など）をnに設定する。
.setMonth(n)	地方時の月（0〜11）をnに設定する。
.setDate(n)	地方時の日（1〜31）をnに設定する。
.setDay(n)	地方時の曜日（0〜6）をnに設定する。
.setHours(n)	地方時の時（0〜23）をnに設定する。
.setMinutes(n)	地方時の分（0〜59）をnに設定する。
.setSeconds(n)	地方時の秒（0〜59）をnに設定する。
.setMilliseconds(n)	地方時のミリ秒（0〜999）をnに設定する。

10 UTCで日時を設定するメソッド

メソッド	意味
.setUTCFullYear(n)	UTCの年（1999など）をnに設定する。
.setUTCMonth(n)	UTCの月（0〜11）をnに設定する。
.setUTCDate(n)	UTCの日（1〜31）をnに設定する。
.setUTCDay(n)	UTCの曜日（0〜6）をnに設定する。
.setUTCHours(n)	UTCの時（0〜23）をnに設定する。
.setUTCMinutes(n)	UTCの分（0〜59）をnに設定する。
.setUTCSeconds(n)	UTCの秒（0〜59）をnに設定する。
.setUTCMilliseconds(n)	UTCのミリ秒（0〜999）をnに設定する。

　以下に例を示します。年月日時分秒を出力するoutput()関数を用意しています。日本時刻で2030年1月1日0時0分0秒のDateオブジェクトを作り、出力したあと、別の時間に変更して再度出力します。

chapter2/date/get-set.html

```
07      // 日時の出力用関数
08      function output(d) {
09          const t = d.getFullYear()      + '年'
10                  + (d.getMonth() + 1) + '月'
11                  + d.getDate()        + '日 '
12                  + d.getHours()       + '時'
13                  + d.getMinutes()     + '分'
14                  + d.getSeconds()     + '秒';
15          console.log(t);
16      }
17
18      // Dateオブジェクトを作成
19      const d = new Date(2030, 0, 1);
20      output(d);
21
22      // 月を6(7月)に変更
23      d.setMonth(6);
24      output(d);
25
26      // 日を0(前月末日)に変更
27      d.setDate(0);
28      output(d);
29
```

```
30     // 時を-1に変更
31     d.setHours(-1);
32     output(d);
```

Console

```
2030年1月1日 0時0分0秒
2030年7月1日 0時0分0秒
2030年6月30日 0時0分0秒
2030年6月29日 23時0分0秒
```

経過時間を計算する

　Webページが表示されてからユーザーが操作するまでの時間を計測した
り、処理が終わるまでの時間を調べたりといった、ある時点から、ある時点ま
での経過時間を計ることは、よく行われます。こうした計算は、開始時間と終
了時間を記録して、その差を求めます。計算には、Dateの静的メソッド
.now()を使うとよいです。このメソッドは、基準日時からの経過時間をミリ秒
で返してくれます。

　以下に経過時間を求める例を示します。

chapter2/date/elapse.html

```
07     // 開始時間
08     const start = Date.now();
09
10     // アラートダイアログを出す。
11     alert('OKをクリックしてください。');
12
13     // 終了時間
14     const end = Date.now();
15
16     // 経過時間を計算
17     const diff = end - start;
18
19     // コンソールに出力
20     console.log(`開始 ${start}、終了 ${end}、経過 ${diff} ミリ秒。`);
```

Console

```
開始 1601468286023、終了 1601468287207、経過 1184 ミリ秒。
```

配列

03

配列を扱う各種メソッドを紹介します。配列の要素の取得や操作、要素の追加や削除、配列の結合や抜き出し、特定の要素を含むかの判定、並べ替えなどを学びます。

配列と静的メソッド

　配列については、CHAPTER 1ですでに出てきました。要素が順番に並んでいるデータ形式です **01**。添え字と呼ばれる「[ ]」(角括弧)に数字を書く方法で各要素にアクセスします。配列は、.lengthという要素数を表すプロパティを持ちます。

```
配列[0]
```

```
配列.length
```

01 配列

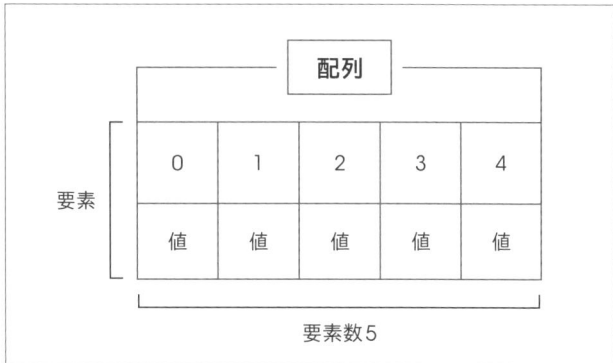

配列は、配列リテラルを使うことで作れます。

```
[要素0, 要素1, 要素2, ...]
```

また配列はnew Array()でも作れます。引数がないときは空の配列、引数が1つで正の整数のときは、その個数の空の要素の配列を作ります。引数が1つで、正の整数でない数値のときはエラーになります。引数が2つ以上や、1つでも文字列などのときは、引数を各要素にした配列になります。

```
new Array()
```

```
new Array(要素数)
```

```
new Array(要素0, 要素1, 要素2, ...)
```

配列は、Arrayというオブジェクト（インスタンス）です。Arrayオブジェクトには、配列を操作するためのさまざまなインスタンスメソッドがあります。また、Arrayのコンストラクターには、いくつかの静的メソッドがあります。

以下に、Arrayの静的メソッドを紹介します 02 。

02 Arrayの静的メソッド

メソッド	意味
Array.from(o)	配列風オブジェクトや反復可能オブジェクトoから、配列を作って返す。
Array.isArray(a)	引数aが配列ならtrueを、そうでなければfalseを返す。

以下に例を示します。配列風オブジェクトが配列か確かめたあと、配列風オブジェクトから配列を作り、再度判定します。

chapter2/array/static.html

```
07    // 配列風オブジェクトを作成
08    const animal1 = {
09        '0': '鼠',
10        '1': '猫',
11        '2': '犬',
12        length: 3
13    };
14
15    // 配列か判定してコンソールに出力
16    console.log(Array.isArray(animal1), animal1);
```

> MEMO
> 配列風オブジェクトは、配列に似ているけれど配列ではないオブジェクトです。数値が名前のプロパティと、.lengthプロパティを持ちます。

```
17
18     // Array.from()で配列を作る
19     const animal2 = Array.from(animal1);
20
21     // 配列か判定してコンソールに出力
22     console.log(Array.isArray(animal2), animal2);
```

`Console`

```
false {0: "鼠", 1: "猫", 2: "犬", length: 3}
true (3) ["鼠", "猫", "犬"]
```

配列自体の操作

配列自体を操作するメソッドを紹介します 03 。

03 配列自体を操作するメソッド

メソッド	意味
.join([x])	配列のすべての要素を結合した文字列を返す。引数がないときは「,」、あるときはその引数を区切り文字にする。
.fill(x[, s, e])	配列の要素をxで埋める。sは先頭位置、eは末尾の次の位置。sやeが指定されたときは指定範囲を埋める。sだけ指定したときは、その位置以降すべてを埋める。変更した配列を返す。
.reverse()	配列の向きを逆転させる。変更した配列を返す。
.flat([d])	配列の入れ子を平坦化した、新しい配列を返す。dを指定すると平坦化する深さ。指定しなければ1。

MEMO
この中で、.join()メソッドは非常によく使います。

以下に、.join()、.fill()、.reverse()の例を示します。

`chapter2/array/manipulate.html`

```
07     // 配列を作成して、.join()で結合して、コンソールに出力
08     const arr = ['鼠', '猫', '犬', '豚', '牛'];
09     console.log('--- join ---');
10     console.log(arr.join(', '));
11
12     // .reverse()の戻り値と、配列自体を、コンソールに出力
13     console.log('--- reverse ---');
```

```
14    console.log(arr.reverse().join(', '));    // 戻り値
15    console.log(arr.join(', '));    // もとの配列も変化している
16
17    // .fill()の戻り値と、配列自体を、コンソールに出力
18    console.log('--- fill ---');
19    console.log(arr.fill('●', 1, 4).join(', '));    // 戻り値
20    console.log(arr.join(', '));    // もとの配列も変化している
```

Console

```
--- join ---
鼠, 猫, 犬, 豚, 牛
--- reverse ---
牛, 豚, 犬, 猫, 鼠
牛, 豚, 犬, 猫, 鼠
--- fill ---
牛, ●, ●, ●, 鼠
牛, ●, ●, ●, 鼠
```

　以下に、.flat()の例を示します。引数の数値を大きくすれば、深いネストも平坦化されます。

chapter2/array/flat.html

```
07    // 配列を作成
08    const arr = ['猫', ['柴犬', '豆柴'], [['鶏', '鶉'], ['七面鳥', '孔雀']]];
09
10    // JSON文字列化してコンソールに出力
11    console.log(JSON.stringify(arr));
12
13    // .flat()で平坦化して、JSON文字列化してコンソールに出力
14    console.log(JSON.stringify(arr.flat()));
15    console.log(JSON.stringify(arr.flat(2)));
```

Console

```
["猫",["柴犬","豆柴"],[["鶏","鶉"],["七面鳥","孔雀"]]]
["猫","柴犬","豆柴",["鶏","鶉"],["七面鳥","孔雀"]]
["猫","柴犬","豆柴","鶏","鶉","七面鳥","孔雀"]
```

配列の要素の追加と削除

Arrayオブジェクトには、配列の末尾や先頭に、値を追加したり削除したりするメソッドがあります 04 05 。

04 値の追加や削除を行うメソッド

メソッド	意味
.push(x, y, . . .)	配列の末尾に引数の要素を追加。そのとき最後の引数が末尾になる。新しい配列の要素数を返す。
.pop()	配列の末尾から要素を取り除く。その要素（空のときはundefined）を返す。
.unshift(x, y, . . .)	配列の先頭に引数の要素を追加。そのとき最初の引数が先頭になる。新しい配列の要素数を返す。
.shift()	配列の先頭から要素を取り除く。その要素（空のときはundefined）を返す。

05 値の追加と削除

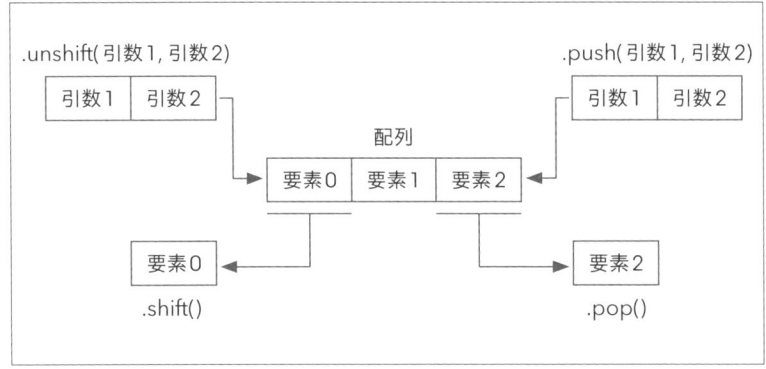

以下に例を示します。よく使う、.push()の例です。

`chapter2/array/push.html`

```
07    // 配列を作成
08    const arr = [];
09
10    // 末尾に1つ値を追加して、コンソールに出力
11    arr.push('猫')
```

MEMO
この中では末尾に要素を追加する.push()がよく使われます。

```
12    console.log(arr.length, arr.join(', '));
13
14    // 末尾に3つ値を追加して、コンソールに出力
15    arr.push('犬', '猿', '亀')
16    console.log(arr.length, arr.join(', '));
```

Console

```
1 "猫"
4 "猫，犬，猿，亀"
```

▼ 配列の結合と抜き出し

　配列は、複数の配列を結合した新しい配列を作ったり、配列の一部から新しい配列を作ったりすることができます。ここでは、そうしたメソッドを紹介します **06**。

06 配列の結合や抜き出しを行うメソッド

メソッド	意味
.concat(a[, b, . . .])	引数の配列の要素や、値を順に並べた新しい配列を作って返す。もとの配列は変化しない。
.slice(s[, e])	要素位置sからeの手前までの要素を抜き出し、新しい配列を作って返す。もとの配列は変化しない。sやeがマイナスのときは末尾からの位置。eを省略したときは最後の要素まで。
.splice(s[, n, a, b, . . .])	要素位置sからn個の要素を抜き出し、新しい配列を作って返す。もとの配列は変化する。sがマイナスのときは末尾からの位置。eを省略したときは最後の要素まで。第3引数以降は、削除した場所に追加する要素。

　.concat()は、複数のリストを結合するときによく使います。.slice()は、配列の一部を抜き出すときに使います。.splice()は、十徳ナイフのように多機能なメソッドです。便利ですが、使いこなすのは大変です。
　以下に例を示します。.concat()は単純な結合なのでわかりやすいです。.slice()は要素2から要素4までを抜き出しています。.splice()は要素2から5つの要素を抜き出して、その場所に'★', '★', '★'を入れています。

chapter2/array/concat-etc.html

```
07    // 配列を作成
08    const arr1 = ['鼠', '猫', '犬'];
09    const arr2 = ['鹿', '豚', '牛'];
10
11    // .concat()の結果を、コンソールに出力
12    const arr3 = arr1.concat(arr2, '象', '虎', '羊');
13    console.log('--- concat ---');
14    console.log(arr3);
15
16    // .slice()の結果を、コンソールに出力
17    const arr4 = arr3.slice(2, 5);
18    console.log('--- slice ---');
19    console.log(arr4);
20
21    // .splice()の結果を、コンソールに出力
22    const arr5 = arr3.splice(2, 5, '★', '★', '★');
23    console.log('--- splice ---');
24    console.log(arr5);
25    console.log(arr3);
```

Console

```
--- concat ---
(9) ["鼠", "猫", "犬", "鹿", "豚", "牛", "象", "虎", "羊"]
--- slice ---
(3) ["犬", "鹿", "豚"]
--- splice ---
(5) ["犬", "鹿", "豚", "牛", "象"]
(7) ["鼠", "猫", "★", "★", "★", "虎", "羊"]
```

▼ 特定の要素を含むか判定する

　配列の要素の中に、特定の要素があるか。また、その要素がどの位置にあるかを判定するメソッドを紹介します 07 。

07 特定の要素を含むか判定するメソッド

メソッド	意味
.includes(p[, s])	配列にpが含まれていたらtrue、なかったらfalseを返す。sがあるときは、その位置以降の要素を判定。sがマイナスのときは末尾からの位置。
.indexOf(p[, s])	配列にpが含まれていたら位置を、なかったら-1を返す。先頭から見ていく。sがあるときは、その位置以降の要素を判定。sがマイナスのときは末尾からの位置。
.lastIndexOf(p[, s])	配列にpが含まれていたら位置を、なかったら-1を返す。末尾から見ていく。sがあるときは、その位置以降の要素を判定。sがマイナスのときは末尾からの位置。

　以下に例を示します。猫は要素1と要素3に存在し、羊は存在しません。それぞれの判定結果や検索結果を確かめてください。

chapter2/array/includes-etc.html

```
07    // 配列を作成
08    const arr = ['鼠', '猫', '犬', '猫', '牛'];
09
10    // .includes()の結果を、コンソールに出力
11    console.log('--- includes ---');
12    console.log(arr.includes('猫'));
13    console.log(arr.includes('羊'));
14
15    // .indexOf()の結果を、コンソールに出力
16    console.log('--- indexOf ---');
17    console.log(arr.indexOf('猫'));
18    console.log(arr.indexOf('羊'));
19
20    // .lastIndexOf()の結果を、コンソールに出力
21    console.log('--- lastIndexOf ---');
22    console.log(arr.lastIndexOf('猫'));
23    console.log(arr.lastIndexOf('羊'));
```

Console

```
--- includes ---
true
false
--- indexOf ---
1
```

```
-1
--- lastIndexOf ---
3
-1
```

次は、テスト関数を使って各要素を判定するメソッドです **08**。テスト関数は、引数で要素を得て、真偽値で結果を返します。

08 テスト関数で各要素を判定するメソッド

メソッド	意味
.find(f)	テスト関数fで各要素を判定。fがtrueを返せば、見つけた要素を返す。見つからなければundefinedを返す。
.findIndex(f)	テスト関数fで各要素を判定。fがtrueを返せば、見つけた要素の位置を返す。見つからなければ-1を返す。
.every(f)	テスト関数fで各要素を判定。すべてtrueならtrueを、それ以外はfalseを返す。
.some(f)	テスト関数fで各要素を判定。1つでもtrueならtrueを、それ以外はfalseを返す。

以下に例を示します。それぞれ、各要素の文字列の長さが、一定の値以上かを判定しています。配列に入っている各文字列は、文字列長が2か3です。

chapter2/array/find-etc.html

```
07    // 配列を作成
08    const arr = ['タマ', 'ポチ', 'ココア', 'きなこ'];
09
10    // .find()の結果を、コンソールに出力
11    console.log('--- find ---');
12    console.log(arr.find(x => x.length >= 3));
13    console.log(arr.find(x => x.length >= 4));
14
15    // .findIndex()の結果を、コンソールに出力
16    console.log('--- findIndex ---');
17    console.log(arr.findIndex(x => x.length >= 3));
18    console.log(arr.findIndex(x => x.length >= 4));
19
20    // .every()の結果を、コンソールに出力
21    console.log('--- every ---');
```

MEMO
=>を利用したアロー関数の書き方については、P.95を参照してください。

```
22    console.log(arr.every(x => x.length >= 2));
23    console.log(arr.every(x => x.length >= 3));
24
25    // .some()の結果を、コンソールに出力
26    console.log('--- some ---');
27    console.log(arr.some(x => x.length >= 3));
28    console.log(arr.some(x => x.length >= 4));
```

`Console`

```
--- find ---
ココア
undefined
--- findIndex ---
2
-1
--- every ---
true
false
--- some ---
true
false
```

▼ ソート

　ソートは、配列を並べ替える処理です。.sort()メソッドを使えば、辞書順で並べ替えます。辞書順とは['a', 'aa', 'aaaa', 'aab']のような並びです。数字なら['1', '11', '111', '2']のような並びです。数値の大小ではないので注意が必要です。

　.sort()メソッドは、引数として比較関数を指定できます。比較関数は、2つの引数を取ります。それぞれの引数は、ソートする際に比べる要素です。そして、戻り値が0より小さいときは、第1引数を前に移動します。0より大きいときは、第2引数を前に移動します。0のときは順序の変更をしません。

　.sort()メソッドは、もとの配列の並びを変えます。そして戻り値として、並べ替え後の配列を返します。

　以下にソートの処理の例を示します。比較関数では、aからbを引いています。この結果、aが大きければ正の数、bが大きければ負の数が得られます。同じなら0になります。この計算結果を使って並べ替えています。

```
07      // 配列を作成
08      const arr1 = [7, 8, 9, 10, 11, 12, 71, 72, 73, 100, 101, 102];
09
10      // 引数なしでソート
11      const arr2 = arr1.sort();
12      console.log('--- 引数なしでソート ---');
13      console.log(arr1.join(', '));
14      console.log(arr2.join(', '));
15
16      // 比較関数でソート
17      const arr3 = arr1.sort((a, b) => a - b);
18      console.log('--- 比較関数でソート ---');
19      console.log( arr1.join(', '));
20      console.log( arr3.join(', '));
```

Console

```
--- 引数なしでソート ---
10, 100, 101, 102, 11, 12, 7, 71, 72, 73, 8, 9
10, 100, 101, 102, 11, 12, 7, 71, 72, 73, 8, 9
--- 比較関数でソート ---
7, 8, 9, 10, 11, 12, 71, 72, 73, 100, 101, 102
7, 8, 9, 10, 11, 12, 71, 72, 73, 100, 101, 102
```

CHAPTER 2

基本データ操作

ループ処理

04

プログラムの便利なところは、大量のデータに対してくり返し処理を行えることです。そうした処理のことを、ループ処理と呼びます。ここではループ処理を学び、配列の各要素を処理していきます。

ループ処理を使えば、配列の各要素に対して、同じ処理を行えます **01**。

01 くり返して各要素を処理

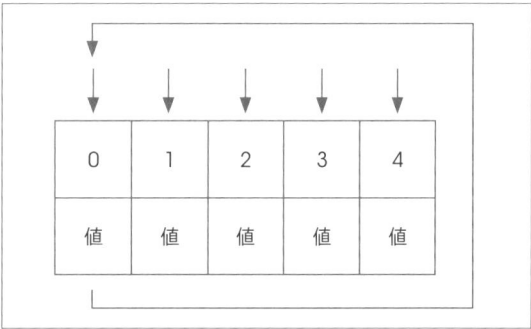

for文

for文は、配列と組み合わせてよく使われるループ処理です。ある数値から、ある数値までの処理を行う目的で使います。そのため、配列の先頭から末尾まで順次処理をしていくのに向いています。for文は、for (初期化式; 条件式; 変化式) { }という形を取ります。

```
for (初期化式; 条件式; 変化式) {
    処理
}
```

初期化式は、for文に入るときに最初の1度だけ実行されます。多くの場合、ここで処理回数をカウントする変数を作り、0を代入します。**条件式**は、初期化式のあとと、**変化式**のあとに実行されます。ここでtrueとみなせる計算結果にすると、「{ }」内の処理を行います。falseとみなせる計算結果にすると、「{ }」内から抜けて、次の行に進みます。変化式は、「{ }」内の処理が終わったあとに実行されます。多くの場合、ここで処理回数をカウントする変数の値を1大きくします **02**。

02 for文の基本構造

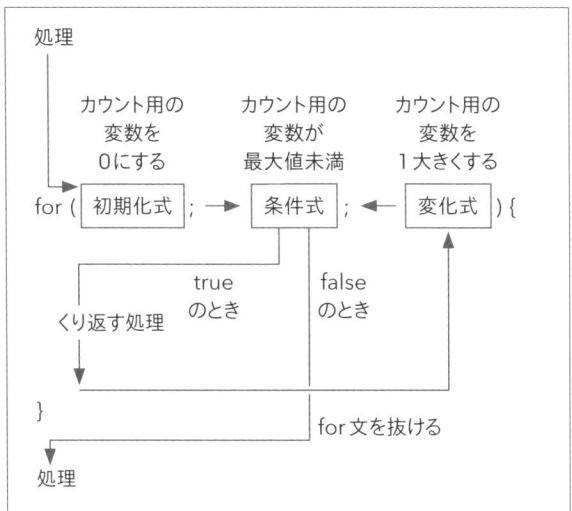

この仕組みと配列を組み合わせると、以下のようになります。カウント用の変数をiとして示します。

```
for （変数iを0にする； 変数i < 配列の要素数； 変数iを1大きくする） {
    配列[i]に対して処理をする
}
```

MEMO
for文は、もっともよく使う
ループ処理です。

配列とfor文を組み合わせた基本的な処理の例を以下に示します。

chapter2/loop/for.html

```
07    // 配列を作成
08    const arr = ['猫', '犬', '牛', '馬'];
09
10    // for文
11    for (let i = 0; i < arr.length; i ++) {
12        // 配列の要素を取り出す
13        const item = arr[i];
14
15        // コンソールに出力
16        console.log(i, item);
17    }
```

Console

```
0  "猫"
1  "犬"
2  "牛"
3  "馬"
```

for in文

for in文は、for文と似ていますが、少し違うループ処理です。for（変数 in オブジェクト）{ }と書き、オブジェクトのプロパティの名前を変数に代入していき、処理を行います。for in文は、オブジェクトのプロパティすべてに対して処理を行いたいときに使います。

```
for（変数 in オブジェクト）{
    プロパティの名前を使った処理
}
```

以下に例を示します。

chapter2/loop/for-in.html

```
07     // オブジェクトを作成
08     const obj = {type: '猫', name: 'タマ', age: 3};
09
10     // for in文
11     for (let key in obj) {
12         // コンソールに出力
13         console.log(key, obj[key]);
14     }
```

Console

```
type 猫
name タマ
age 3
```

for of文

for of文も、for文と似ていますが、少し違うループ処理です。for (変数 of 反復可能なオブジェクト) { }と書き、オブジェクトの値を変数に代入していき、処理を行います。反復可能なオブジェクトは、Array、Map、Set、argumentsなどです。for of文は、オブジェクトの値すべてに対して処理を行いたいときに使います。

```
for (変数 of 反復可能なオブジェクト) {
    オブジェクトの値を使った処理
}
```

以下に例を示します。Array、Map、Setのときの結果が確認できます。

`chapter2/loop/for-of.html`

```
07    // 配列を作成
08    const arr = ['猫', '犬', '牛', '馬'];
09    console.log('--- Array ---');
10
11    // for of文
12    for (let item of arr) {
13        // コンソールに出力
14        console.log(item);
15    }
16
17    // Mapを作成
18    const map = new Map([['猫', 'タマ'], ['犬', 'ポチ']]);
19    console.log('--- Map ---');
20
21    // for of文
22    for (let item of map) {
23        // コンソールに出力
24        console.log(item);
25    }
26
27    // Setを作成
28    const set = new Set(['猫', '犬']);
```

```
29    console.log('--- Set ---');
30
31    // for of文
32    for (let item of set) {
33        // コンソールに出力
34        console.log(item);
35    }
```

Console

```
--- Array ---
猫
犬
牛
馬
--- Map ---
(2) ["猫", "タマ"]
(2) ["犬", "ポチ"]
--- Set ---
猫
犬
```

▼ オブジェクトのプロパティを処理する

　for in文やfor of文とは違う方法で、オブジェクトのプロパティを処理する方法があります。Objectオブジェクトの.keys()、.values()、.entries()を使う方法です。それぞれ、キー、値、プロパティを得られます。

　以下に.keys()の例を示します。プロパティ名の配列を得ます。

chapter2/loop/object-keys.html

```
07    // オブジェクトを作成
08    const obj = {type: '猫', name: 'タマ', age: 3};
09
10    // Object.keys()で配列を得る
11    const keys = Object.keys(obj);
12
13    // for文
14    for (let i = 0; i < keys.length; i ++) {
```

```
15          //  プロパティ名を得る
16          const key = keys[i];
17
18          //  コンソールに出力
19          console.log(i, key, obj[key]);
20      }
```

Console

```
0 "type" "猫"
1 "name" "タマ"
2 "age" 3
```

以下に.values()の例を示します。プロパティ値の配列を得ます。

chapter2/loop/object-values.html

```
07      //  オブジェクトを作成
08      const obj = {type: '猫', name: 'タマ', age: 3};
09
10      // Object.values()で配列を得る
11      const values = Object.values(obj);
12
13      // for文
14      for (let i = 0; i < values.length; i ++) {
15          //  プロパティ値を得る
16          const value = values[i];
17
18          //  コンソールに出力
19          console.log(i, value);
20      }
```

Console

```
0 "猫"
1 "タマ"
2 3
```

以下に.entries()の例を示します。プロパティ名と値の配列を得ます。

chapter2/loop/object-entries.html

```
07    // オブジェクトを作成
08    const obj = {type: '猫', name: 'タマ', age: 3};
09
10    // Object.entries()で配列を得る
11    const entries = Object.entries(obj);
12
13    // for文
14    for (let i = 0; i < entries.length; i ++) {
15        // プロパティ値を得る
16        const entry = entries[i];
17
18        // コンソールに出力
19        console.log(i, entry);
20    }
```

Console

```
0 (2) ["type", "猫"]
1 (2) ["name", "タマ"]
2 (2) ["age", 3]
```

配列のイテレーターを使う

　for文とは違う方法で、配列の要素を処理する方法があります。Arrayオブジェクトの.keys()、.values()、.entries()を使う方法です。それぞれ、キー、値、要素のArray Iteratorオブジェクトを得られます。

　以下に例を示します。それぞれの方法で、配列の要素を出力します。

　以下に.keys()の例を示します。プロパティ名のArray Iteratorオブジェクトを得ます。

MEMO
iterator（反復子）は、反復処理が可能なオブジェクトのことです。

chapter2/loop/array-keys.html

```
07    // 配列を作成
08    const arr = ['猫', '犬', '牛'];
09
10    // .keys()でArray Iteratorオブジェクトを得る
11    const keys = arr.keys();
```

```
12
13      // for of文
14      for (let key of keys) {
15          // コンソールに出力
16          console.log(key);
17      }
```

Console

```
0
1
2
```

　以下に.values()の例を示します。プロパティ値のArray Iteratorオブジェクトを得ます。

chapter2/loop/array-values.html

```
07      // 配列を作成
08      const arr = ['猫', '犬', '牛'];
09
10      // .values()でArray Iteratorオブジェクトを得る
11      const values = arr.values();
12
13      // for of文
14      for (let value of values) {
15          // コンソールに出力
16          console.log(value);
17      }
```

Console

```
猫
犬
牛
```

　以下に.entries()の例を示します。プロパティ名と値のArray Iteratorオブジェクトを得ます。

chapter2/loop/array-entries.html

```
07      // 配列を作成
08      const arr = ['猫', '犬', '牛'];
09
10      // .entries()でArray Iteratorオブジェクトを得る
11      const entries = arr.entries();
12
13      // for of文
14      for (let entry of entries) {
15          // コンソールに出力
16          console.log(entry);
17      }
```

Console

```
(2) [0, "猫"]
(2) [1, "犬"]
(2) [2, "牛"]
```

while文

while文は、for文よりシンプルなループ処理です。while (条件式) { }と書き、条件式を満たすあいだ処理をくり返します。

```
while (条件式) {
    処理
}
```

MEMO
for文のほうが、くり返しに必要な処理をまとめて「( )」内に書けるので、短い行数でプログラムを書けます。

以下に例を示します。

chapter2/loop/while.html

```
07      // 配列を作成
08      const arr = ['猫', '犬', '牛', '馬'];
09
10      // カウンター用の変数を作成
11      let i = 0;
```

```
12
13      // while文
14      while (i < arr.length) {
15          // 配列の要素を取り出し
16          const item = arr[i];
17
18          // コンソールに出力
19          console.log(i, item);
20
21          // カウンターの数値を1増やす
22          i ++
23      }
```

`Console`

```
0  "猫"
1  "犬"
2  "牛"
3  "馬"
```

do while文

do while文は、whileの条件式を書く部分が、処理のあとにあるループ
処理です。do { } while (条件式)と書き、条件式を満たすあいだ処理をくり
返します。do while文は、処理を必ず1度行いたいときに使います。

```
do {
    くり返す処理
} while (条件式)
```

以下に例を示します。

`chapter2/loop/do-while.html`

```
07      // 配列を作成
08      const arr = ['猫', '犬', '牛', '馬'];
09
10      // カウンター用の変数を作成
```

```
11    let i = 0;
12
13    // do while文
14    do {
15        // 配列の要素を取り出し
16        const item = arr[i];
17
18        // コンソールに出力
19        console.log(i, item);
20
21        // カウンターの数値を1増やす
22        i ++
23    } while (i < arr.length)
```

`Console`

```
0  "猫"
1  "犬"
2  "牛"
3  "馬"
```

▼ break

breakは、くり返し処理を終了して、ループ処理の「{ }」（波括弧）から抜ける構文です。条件分岐と組み合わせることで、特定の値を読み取ったら終了する、といった使い方ができます。

```
for (初期化式; 条件式; 変化式) {
    処理
    条件分岐 {
        break;
    }
    処理
}
```

以下に例を示します。文字列の長さが2文字以上なら、ループ処理を抜けます。

chapter2/loop/break.html

```
07     // 配列を作成
08     const arr = ['猫', '犬', '牛', '獅子', '馬'];
09
10     // for文
11     for (let i = 0; i < arr.length; i ++) {
12         // 要素を取り出し
13         const item = arr[i];
14
15         // 文字列の長さが2文字以上なら抜ける
16         if (item.length >= 2) {
17             break;
18         }
19
20         // コンソールに出力
21         console.log(i, item);
22     }
```

Console

```
0 "猫"
1 "犬"
2 "牛"
```

▼ continue

continueは、くり返し処理をいったん中断して、ループ処理の「{ }」（波括弧）の最後まで移動する構文です。for文の場合は変化式に、whileのときは条件式に移動します。条件分岐と組み合わせることで、特定の値を読み取ったら処理を飛ばす、といった使い方ができます。

```
for (初期化式; 条件式; 変化式) {
    処理
    条件分岐 {
        continue;
    }
    処理
}
```

以下に例を示します。文字列の長さが2文字以上なら、ループ処理を飛ばします。

```
07      // 配列を作成
08      const arr = ['猫', '犬', '牛', '獅子', '馬'];
09
10      // for文
11      for (let i = 0; i < arr.length; i ++) {
12          // 要素を取り出し
13          const item = arr[i];
14
15          // 文字列の長さが2文字以上なら飛ばす
16          if (item.length >= 2) {
17              continue;
18          }
19
20          // コンソールに出力
21          console.log(i, item);
22      }
```

Console

```
0 "猫"
1 "犬"
2 "牛"
4 "馬"
```

二次元配列とfor文

配列は入れ子にできます。配列の中に配列が入っている状態を、**多次元配列**と呼びます。その中で、配列の中に1階層分の入れ子の配列が入っている状態を**二次元配列**と呼びます。

以下に、二次元配列をfor文で処理する例を示します。外側のfor文と、内側のfor文で、処理回数を数える変数をiとjに変えています。同じにすると、内側のfor文のスコープから、外側のfor文の変数iを見ることができなくなります。混乱するので避けたほうがよいです。

```
07     // 二次元配列を作成
08     const arr = [
09         ['猫', '犬', '牛'],
10         ['豚', '牛', '馬']
11     ];
12
13     // for文
14     for (let i = 0; i < arr.length; i ++) {
15         // for文
16         for (let j = 0; j < arr[i].length; j ++) {
17             // 要素を取り出し
18             const item = arr[i][j];
19
20             // コンソールに出力
21             console.log(i, j, item);
22         }
23     }
```

Console

```
0 0 "猫"
0 1 "犬"
0 2 "牛"
1 0 "豚"
1 1 "牛"
1 2 "馬"
```

反復メソッドを使った処理

　配列の処理は、ES5まではfor文を使って行っていました。しかし、ES6（ES2015）では別の方法も加わりました。**反復メソッド**と呼ぶ、引数に関数を取り、各要素を処理していくメソッド群です。ここでは、そうしたArrayオブジェクトのメソッドを紹介していきます。

　以下のArrayオブジェクトのメソッドは、引数にコールバックを取ります **03**。このコールバック関数は、第1引数が要素の値、第2引数が要素の位置、第3引数が配列そのものになります。コールバック関数に渡す値は、メソッド実行時の値です。反復メソッドを実行しているときに配列を書き換えても、渡す値

MEMO
コールバック関数については、P.87を参照してください。

は変わりません。

また、コールバック関数が呼ばれるのは、値が代入済みの要素のみです。

03 Arrayオブジェクトの反復メソッド

メソッド	意味
.forEach(f)	配列の全要素に対して処理をする。
.map(f)	配列の全要素に対して処理し、戻り値で作った新しい配列を返す。
.filter(f)	配列の全要素に対して処理し、戻り値がtrueとみなせる要素で作った新しい配列を返す。

以下に、.forEach()の例を示します。for文よりもすっきりした記述で書けます。

`chapter2/array-2/for-each.html`

```
07    // 配列を作成
08    const arr = ['猫', '犬', '牛', '馬'];
09
10    // 全要素に対して処理
11    arr.forEach((x, i) => {
12        // コンソールに出力
13        console.log(i, x);
14    });
```

`Console`

```
0 "猫"
1 "犬"
2 "牛"
3 "馬"
```

以下に、.map()の例を示します。配列を加工した別の配列を作ります。

`chapter2/array-2/map.html`

```
07    // 配列を作成
08    const arr1 = ['猫', '犬', '牛', '馬'];
09
10    // 全要素に対して処理
11    const arr2 = arr1.map((x, i) => {
```

```
12          //  新しい要素を作る
13          return `${i}: ${x}`;
14      });
15
16      //  コンソールに出力
17      console.log(arr2.join(', '));
```

Console

```
0: 猫, 1: 犬, 2: 牛, 3: 馬
```

以下に、.filter()の例を示します。配列を絞り込むのに便利です。

chapter2/array-2/filter.html

```
07      //  配列を作成
08      const arr1 = ['猫', '山猫', '犬', '牛', '水牛', '馬'];
09
10      //  全要素に対して処理
11      const arr2 = arr1.filter(x => {
12          //  文字列長が2文字以上の要素を選ぶ
13          return x.length >= 2;
14      });
15
16      //  コンソールに出力
17      console.log(arr2.join(', '));
```

Console

```
山猫, 水牛
```

▼ リドゥース

　配列の中身を集計して、1つの値を出す。そうしたことを行うためのメソッドが.reduce()です。reduceには、減らす、単純化する、まとめるなどの意味があります。

　.reduce()も反復メソッドと同じようにコールバック関数を持ちます。.reduce()のコールバック関数は、反復メソッドのコールバック関数よりも引数が多いです。第1引数はアキュームレーターと呼ばれる、返り値を蓄積していく変数。第2引数は現在の要素。第3引数は、要素が何番目かの数値。第4

引数は、配列そのものになります。

.reduce()に第2引数を指定したときは、集計の初期値になります。指定しなかったときは、配列は要素1から集計を始め、最初のアキュームレーターは要素0になります。

.reduce()は要素の先頭から処理します。また、要素の末尾から処理する.reduceRight()もあります。引数の指定は.reduce()と同じです。

```
配列.reduce(関数(蓄積値, 現在値, 番号, もとの配列) {
    処理
}, 初期値);
```

以下に、.reduce()の例を示します。配列の各要素の合計値を求めます。

`chapter2/array-2/reduce.html`

```
07    // 配列を作成
08    const arr = [111, 222, 333, 444];
09
10    // 集計処理
11    const sum = arr.reduce((a, x) => {
12        // アキュームレーターを使って合計を求める
13        return a + x;
14    }, 0);
15
16    // コンソールに出力
17    console.log(`合計は${sum}。`);
```

`Console`

```
合計は1110。
```

MEMO
=>を利用したアロー関数の書き方については、P.95を参照してください。

クラス

05

大規模な開発をするときに必要になる知識として、クラスを使ったプログラムの書き方を学びます。基本的な作り方、静的メソッドや静的プロパティ、継承の仕方について紹介していきます。

▼ クラスとは

JavaScriptには、ES6（ES2015）からクラスという仕様が入りました。クラスは、プログラムの部品が多い大規模なプログラムを書くときに使う機能です。クラスを使うと、いくつかの機能が実現できます。

・設計図に当たるクラスから、new演算子でインスタンスのオブジェクトを作れる **01**。
・new演算子でインスタンスのオブジェクトを作る際に、引数で内容を初期化できる **02**。
・インスタンスのオブジェクトでは、データとともにインスタンスメソッドが使える。
・クラスには静的メソッドを作れる **03**。
・クラスを継承して、よく似た別のクラスを作れる **04**。

01 クラスとインスタンス

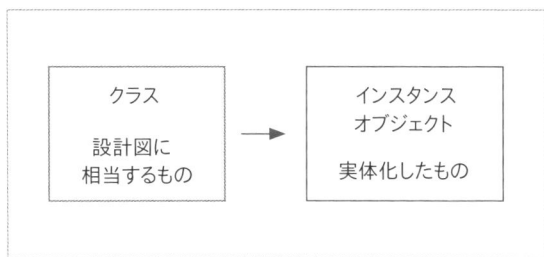

02 new演算子でオブジェクトを作る

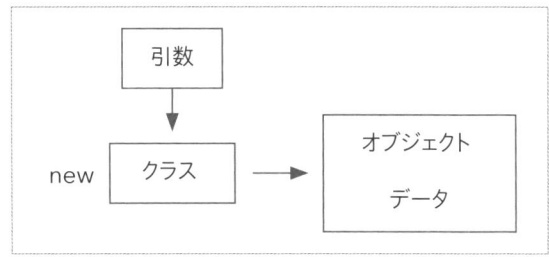

03 静的メソッドとインスタンスメソッド

04 継承

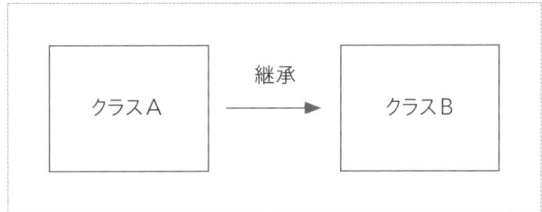

　これまで学んできたオブジェクトは、データと処理をまとめて1つの変数として扱いました。しかし、そのオブジェクトは単一のものです。同じ物を何個も作る用途のものではありませんでした。

　クラスを使えば、テンプレートを用意しておき、そこから必要なデータと処理をまとめたオブジェクトを簡単に作れます。プログラムを部品化でき、大きなプログラムも管理しやすくなります。

▼ クラスを書く

　それでは実際にクラスを書きましょう。クラス名の1文字目は、慣例的に大文字で書きます。

　クラスには、**コンストラクター**（構築子）と呼ばれる1つの関数を用意します。コンスタラクターは、new演算子でクラスを実行すると呼ばれる関数です。このコンストラクターの中でthisを使い、オブジェクトのプロパティを初期化します。また、クラスには、**インスタンスメソッド**になる関数を書きます。

```
class クラス名 {
    constructor(引数) {
        初期化を行う
        this.プロパティ名 = 代入する値;
    }
    メソッド名(引数) {
        インスタンスメソッドになる
    }
}
```

　次にクラスを作って利用する例を示します。同じデータ構成とメソッドを持つオブジェクトを簡単に作れます。

chapter2/class/class-1.html

```
07     // 動物クラス
08     class Animal {
09         // コンストラクター
10         constructor(type, name) {
11             // 引数をもとにプロパティを初期化
12             this.type = type;
13             this.name = name;
14         }
15         // 情報取得メソッド
16         getInf() {
17             // 情報の文字列を作成して返す
18             return `${this.type} : ${this.name}`;
19         }
20     }
21
22     // 動物オブジェクトを作成
23     const cat = new Animal('猫', 'タマ');
24     const dog = new Animal('犬', 'ポチ');
25
26     // コンソールに情報を出力
27     console.log(cat.getInf());
28     console.log(dog.getInf());
```

Console

猫 ： タマ
犬 ： ポチ

　静的メソッドも作りましょう。静的メソッドは、メソッド名の前にstaticを付けると作れます。静的メソッドは、インスタンスオブジェクトからは呼べません。静的メソッドは、ユーティリティ系のメソッドを作るときに利用します。

MEMO
ビルトインオブジェクトには、ユーティリティ系の静的メソッドが多いです。

```
class クラス名 {
    constructor(引数) {
        初期化を行う
        this.プロパティ名 = 代入する値;
    }
    メソッド名(引数) {
        インスタンスメソッドになる
    }
    static メソッド名(引数) {
        静的メソッドになる
    }
}
```

　以下に静的メソッドを作って利用する例を示します。

chapter2/class/class-2.html

```
07    // 動物クラス
08    class Animal {
09        // コンストラクター
10        constructor(type, name) {
11            // 引数をもとにプロパティを初期化
12            this.type = type;
13            this.name = name;
14        }
15        // 情報取得メソッド
16        getInf() {
17            // 情報の文字列を作成して返す
18            return `${this.type} : ${this.name}`;
19        }
```

```
20          //  月齢から年齢を計算
21          static  calcAgeFromMonth(month)  {
22              //  計算結果を返す
23                  return  Math.trunc(month  /  12);
24          }
25      }
26
27      //  コンソールに出力
28      console.log(`13ヶ月は${Animal.calcAgeFromMonth(13)}歳`);
29      console.log(`32ヶ月は${Animal.calcAgeFromMonth(32)}歳`);
```

Console

```
13ヶ月は1歳
32ヶ月は2歳
```

静的プロパティは、staticあるいはクラスの宣言の外で設定できます。

```
class  クラス名  {
    constructor(引数)  {
        初期化を行う
        this.プロパティ名  =  代入する値;
    }
    static  プロパティ名  =  値
}
クラス名.プロパティ名  =  値
```

MEMO
静的プロパティは、クラス
に値を保持させたいとき
に用います。

以下に静的プロパティを作って利用する例を示します。

chapter2/class/class-3.html

```
07      //  動物クラス
08      class  Animal  {
09          //  コンストラクター
10          constructor(type, name)  {
11              //  引数をもとにプロパティを初期化
12              this.type  =  type;
13              this.name  =  name;
14          }
```

```
15        //  静的プロパティを作成
16        static pet = ['犬', '猫', '兎', '亀'];
17    }
18
19    //  静的プロパティを作成
20    Animal.japaneseZodiac = ['鼠', '牛', '虎', '兎', '竜', '蛇',
21                             '馬', '羊', '猿', '鳥', '犬', '猪'];
22
23    //  コンソールに静的プロパティを出力
24    console.log(Animal.pet.join(', '));
25    console.log(Animal.japaneseZodiac.join(', '));
```

`Console`

```
犬, 猫, 兎, 亀
鼠, 牛, 虎, 兎, 竜, 蛇, 馬, 羊, 猿, 鳥, 犬, 猪
```

▼ 継承

　作ったクラスを**継承**して、似た別のクラスを作ります。もとのクラスを**親クラス**、新しく作るクラスを**子クラス**と呼びます。class 子クラス名 extends 親クラス名、と書くと継承されます。

　子クラスは、何も書かなければ親クラスと同じコンストラクターやメソッドを持ちます。子クラスは親クラスの値や機能を書き換えることもできます。コンストラクターの機能を書き換えるには、まずsuper()を実行して親クラスのコンストラクターを呼び出したあと、thisを使って値を設定します。子クラスで値を追加することもできます。

　子クラスで、親クラスと同じメソッド名を使ったときは、メソッドが上書きされます。super.メソッド名()と書けば、親クラスのメソッドを呼び出せます。子クラスでメソッドを追加することもできます。

```
class 親クラス名 {
    constructor(引数) {
        初期化を行う
        this.プロパティ名 = 代入する値;
    }
    メソッド名(引数) {
        インスタンスメソッドになる
    }
}

class 子クラス名 extends 親クラス名 {
    constructor(引数) {
        初期化を行う
        super(引数);
        this.プロパティ名 = 代入する値;
    }
    メソッド名(引数) {
        インスタンスメソッドになる
    }
}
```

以下に継承を利用したプログラムの例を示します。

`chapter2/class/extends.html`

```
07      // 動物クラス(親クラス)
08      class Animal {
09          // コンストラクター
10          constructor(type, name) {
11              // 引数をもとにプロパティを初期化
12              this.type = type;
13              this.name = name;
14          }
15          // 情報取得メソッド
16          getInf() {
17              // 情報の文字列を作成して返す
18              return `${this.type} : ${this.name}`;
19          }
```

```
20      }
21
22      //  動物クラスを作成して、コンソールに情報を出力
23      const dog = new Animal('犬', 'ポチ');
24      console.log(dog.getInf());
25
26      //  猫クラス(子クラス)
27      class Cat extends Animal {
28          //  コンストラクター
29          constructor(name, color) {
30              //  super()を使ってプロパティを初期化
31              super('猫', name);
32
33              //  引数をもとにプロパティを初期化
34              this.color = color;
35          }
36          //  情報取得メソッド
37          getInf() {
38              //  super.getInf()を使いつつ、戻す情報を増やす
39              return `${super.getInf()} (${this.color})`;
40          }
41          //  このクラスで追加するメソッド
42          getName() {
43              return this.name;
44          }
45          //  このクラスで追加するメソッド
46          getColor() {
47              return this.color;
48          }
49      }
50
51      //  猫クラスを作成して、コンソールに情報を出力
52      const cat = new Cat('タマ', '三毛');
53      console.log(cat.getInf());
54      console.log(cat.getName(), cat.getColor());
```

MEMO

super()を実行することで、Animalのconstructor(type, name)で初期化します。Catクラスのthis.typeは「猫」に、this.nameは「nameの値」になります。

`Console`

```
犬 ： ポチ
猫 ： タマ (三毛)
タマ 三毛
```

window

06

WebブラウザのJavaScriptでは、グローバルオブジェクトのwindowに、さまざまな情報や機能が備わっています。その多くは、Webブラウザの情報を得たり、操作したりするためのものです。そうしたプロパティやメソッドを紹介します。

windowのプロパティやメソッドは、window.プロパティ名、window.メソッド名と書かずに、windowを省略して直接プロパティ名、メソッド名を書けます。以降の説明では、windowを省略した書き方をします。

▼ ダイアログを出す

警告ダイアログ、確認ダイアログ、入力ダイアログを出す命令が、windowにはあります **01** 。非常に手軽な命令なので便利です。

01 ダイアログを出すメソッド

メソッド	意味
alert(s)	文字列sを表示した警告ダイアログを出す。OKボタンを押すと閉じる。
confirm(s)	文字列sを表示した確認ダイアログを出す。OKボタンを押すとtrue、キャンセルボタンを押すとfalseが返る。
prompt(s[, v])	文字列sを表示して、値がvの入力ダイアログを出す。OKボタンを押すと入力した文字列が、キャンセルボタンを押すとnullが返る。

以下に、警告ダイアログ **02** 、確認ダイアログ **03** 、入力ダイアログ **04** の例を示します。

02 警告ダイアログ

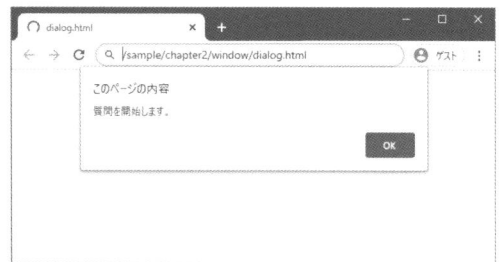

> **注意！**
> これらの命令でダイアログを表示すると、そのあいだWebページの描画やJavaScriptのプログラムは停止します。ダイアログが閉じたあと、プログラムが再開します。

03 確認ダイアログ

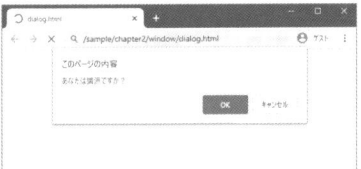

04 入力ダイアログ

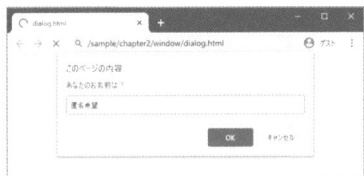

`chapter2/window/dialog.html`

```
07    // 警告ダイアログ
08    alert('質問を開始します。');
09
10    // 確認ダイアログ
11    const isCat = confirm('あなたは猫派ですか？');
12
13    // 入力ダイアログ
14    let name = prompt('あなたのお名前は？', '匿名希望');
15    if (name === null) {
16        name = '(未回答)';
17    }
18
19    // コンソールに結果を出力
20    if (isCat) {
21        console.log(`${name}さんは、猫派ですね。`);
22    } else {
23        console.log(`${name}さんは、猫派ではないのですね。`);
24    }
```

`Console（回答例1）`

匿名希望さんは、猫派ですね。

`Console（回答例2）`

（未回答）さんは、猫派ではないのですね。

▼ 一定時間後に処理する、定期的に処理する

　プログラムでは、一定時間後に処理したり、定期的に処理したりすることがあります。たとえば、ユーザーが入力して少し待ってから結果を表示したり、ユーザーの操作を定期的に確認したりするときです。

一定時間後に処理するメソッドはsetTimeout()です。第1引数に関数を、第2引数にミリ秒を書きます。そして、第2引数のミリ秒が経つと、第1引数の関数を実行します。また、setTimeout()を実行すると、timeoutIDが返ります。このIDを引数にしてclearTimeout()を使うと、実行したタイムアウトをキャンセルできます。

定期的に処理するメソッドはsetInterval()です。第1引数に関数を、第2引数にミリ秒を書きます。そして、第2引数のミリ秒が経つと、第1引数の関数を実行します。実行後に、再度第2引数のミリ秒が経つと、第1引数の関数を実行します。停止するまで、この処理はくり返されます。また、setInterval()を実行すると、intervalIDが返ります。このIDを引数にしてclearInterval()を使うと、実行したインターバルをキャンセルできます。

これらのメソッドを示します **05** 。

05 一定時間後に処理するメソッド、定期的に処理するメソッド

メソッド	意味
setTimeout(f[, n])	nミリ秒後に、関数fを実行する。nを省略したときは0。timeoutIDを返す。
clearTimeout(id)	timeoutIDを引数にして、setTimeout()をキャンセルする。
setInterval(f, n)	nミリ秒待って、関数fを実行する処理をくり返す。nの最小値は10。intervalIDを返す。
clearInterval(id)	intervalIDを引数にして、setInterval()をキャンセルする。

以下に例を示します。くり返し処理を開始したあと、一定時間経過したあとに、くり返し処理を停止します。

chapter2/window/time.html

```
07      // カウンターを初期化
08      let cnt = 0;
09
10      // 100ミリ秒あいだをあける定期処理
11      const intervalID = setInterval(() => {
12          // コンソールに出力
13          console.log(cnt, 'くり返し処理:ニャー！');
14
15          // カウンターを1大きくする
16          cnt ++;
17      }, 100);
18
19      // 500ミリ秒後に処理
```

```
20    setTimeout(() => {
21        // 定期処理をキャンセル
22        clearInterval(intervalID);
23
24        // コンソールに出力
25        console.log('停止しました。');
26    }, 500);
```

`Console`

```
0  "くり返し処理:ニャー！"
1  "くり返し処理:ニャー！"
2  "くり返し処理:ニャー！"
3  "くり返し処理:ニャー！"
4  "くり返し処理:ニャー！"
停止しました。
```

▼ アドレス情報を得る

windowのlocationを使うと、現在表示しているWebページのURLを得られます。また、ドメインやパス、クエリーやハッシュなども分解して得られます。また、locationにはURLを書き換えて、ほかのWebページに移動する機能もあります。

以下に、locationのプロパティ **06** やメソッド **07** の一部を紹介します。

06 locationのプロパティ

プロパティ	意味
.href	URL全体。値を代入すると、そのURLに移動する。
.protocol	URLのプロトコルスキーム。
.hostname	URLのホスト。
.pathname	URLのパス部分。
.search	URLの?以降の値。
.hash	URLの#以降の値。

07 locationのメソッド

メソッド	意味
.assign(s)	引数のURLを読み込む。
.reload()	現在のURLを再読込する。引数にtrueを指定すると、常にサーバーから読み込む。
.replace()	現在のページを、引数のURLで置き換える。履歴に保存されない。

　以下に、locationを使ったプログラムの例を示します。ここでは、ローカルにサーバーを立てて、読み込ませています。そのためホスト名が127.0.0.1になっています。また、最初の読み込み時に、URLに「?q=cat#dog」を加えて移動しています。これはsearchやhashの値を表示させるためです。

chapter2/window/location.html

```
01<!DOCTYPE html>
02<html lang="ja">
03  <head>
04    <meta charset="utf-8">
05  </head>
06  <body>
07    <button onclick="move()">移動</botton>
08
09    <script>
10
11    // パラメーターやハッシュがなければ付ける
12    if (location.search === '') {
13        location.href += '?q=cat#dog';
14    }
15
16    // locationの情報を出力
17    console.log('href     :', location.href);
18    console.log('protocol :', location.protocol);
19    console.log('hostname :', location.hostname);
20    console.log('pathname :', location.pathname);
21    console.log('search   :', location.search);
22    console.log('hash     :', location.hash);
23
24    // 移動ボタンクリックで移動
25    function move() {
26        location.href = 'https://www.google.com/search?q=a';
```

```
27      };
28
29      </script>
30    </body>
31</html>
```

Console

```
href     : http://127.0.0.1/chapter2/window/location.html?q=cat#dog
protocol : http:
hostname : 127.0.0.1
pathname : /chapter2/window/location.html
search   : ?q=cat
hash     : #dog
```

ウィンドウサイズとスクロールの情報を得る

　ウィンドウサイズやスクロールの情報を得ることで、現在の表示位置を推測できます。また、スクロール位置を変更するメソッドを利用することで、自動でWebページ内を移動することもできます。ここでは、そうした処理に使えるプロパティ 08 やメソッド 09 を紹介します。

　また、ここでは紹介しませんが、ウィンドウの位置やサイズを得るプロパティや、変更するメソッドも存在します。そのほかに、Webブラウザ自体の情報を得たり、操作したりするプロパティやメソッドもあります。しかし、パソコンでは使えてもモバイル端末では使えなかったりします。また、タブブラウザが主流になってから使えなくなったものもあります。

MEMO
ウィンドウ自体を操作する系のメソッドは、現在ではあまり有効ではありません。

08 ウィンドウサイズやスクロールの情報を得るプロパティ

プロパティ	意味
innerWidth	コンテンツ領域の幅。垂直スクロールバーの幅も含む。
innerHeight	コンテンツ領域の高さ。水平スクロールバーの高さも含む。
scrollX	水平にスクロールされているピクセル数。
scrollY	垂直にスクロールされているピクセル数。

09 スクロール位置を変更するメソッド

メソッド	意味
scrollTo(x, y)	絶対位置スクロール。x位置、y位置までスクロール。
scrollBy(x, y)	相対位置スクロール。x量、y量だけスクロール。

　以下に例を示します **10** 。スクロールの操作は、Webページ全体を操作しなければならないため、HTML全体を示します。グラデーションのあるページを下に向けてスクロールしていき4秒後に処理を停止します。そして先頭位置にスクロールを戻します。これらの処理は、相対位置スクロールと絶対位置スクロールを使い分けています。また、画面の左上には、スクロールの情報と、表示領域の横幅と高さを表示します。

10 実行の様子

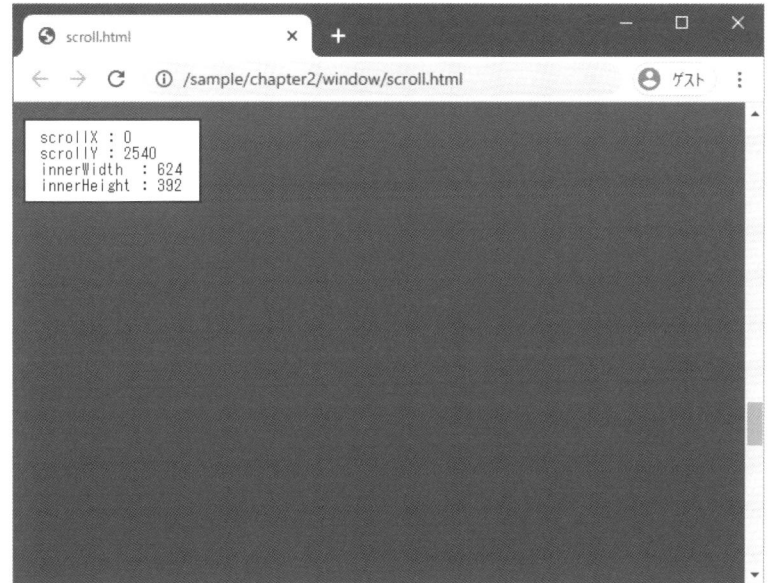

```
scrollX : 0
scrollY : 2540
innerWidth  : 624
innerHeight : 392
```

`chapter2/window/scroll.html`

```
01 <!DOCTYPE html>
02 <html lang="ja">
03   <head>
04     <meta charset="utf-8">
05     <style>
06 /* 表示領域を大きくする。背景にグラデーションを付ける。  */
```

```
07 body {
08     height: 4000px;
09     background: linear-gradient(#9cf, #048);
10 }
11 /* 情報表示欄の位置と色を設定 */
12 #inf {
13     position: fixed;
14     top: 0;
15     background: #fff;
16     padding: 0.5em 1em;
17     border: solid 2px #048;
18 }
19     </style>
20   </head>
21   <body>
22     <pre id="inf"></pre>
23     <script>
24
25     // くり返し処理
26     const intervalID = setInterval(() => {
27         // 相対位置スクロール
28         scrollBy(0, 20);
29     }, 20);
30
31     // 一定時間後に停止
32     setTimeout(() => {
33         // 停止
34         clearInterval(intervalID);
35
36         // 絶対位置スクロール
37         scrollTo(0, 0);
38     }, 4000);
39
40     // #infに情報を表示
41     setInterval(() => {
42         // 文字列を作成
43         const t = `
44 scrollX : ${scrollX}
45 scrollY : ${scrollY}
46 innerWidth  : ${innerWidth}
47 innerHeight : ${innerHeight}
48         `;
```

```
49
50          //  idがinfの要素の内部文字列に、
51          //  tの前後のホワイトスペースを除いた文字を設定
52          document.querySelector('#inf').innerText = t.trim();
53      }, 10);
54
55      </script>
56    </body>
57</html>
```

▼ Webブラウザの情報を得る

　windowには、Webブラウザについての情報を得るnavigatorプロパティ
があります。このnavigatorのnavigator.userAgentは、Webブラウザ自
身の情報を得るために使われてきました。しかし、歴史的にnavigatorの情
報は不確定なところがあり、信用できないといった事情があります。後発の
Webブラウザが、先発のWebブラウザになりすまして恩恵をこうむろうとし
続けた経緯があり、これらの情報が混沌としているためです。

　たとえば、Google Chromeのnavigator.userAgentの値は、以下のよ
うになっています。本来なら、Chromeとそのバージョンだけを書けばよいは
ずなのですが、ほかの先発のWebブラウザを真似た情報が多数含まれてい
ます。

`Console`

```
Mozilla/5.0 (Windows NT 10.0; Win64; x64) AppleWebKit/537.36
(KHTML, like Gecko) Chrome/85.0.4183.121 Safari/537.36"
```

　また、navigatorの情報は、Webページを閲覧している人を推測するため
の方法としても利用され、セキュリティ的な懸念のもとになっています。その
ため本書執筆の時点で、User Agent Client Hintsという新しいルールが
考えられています。しかし、多くの人が使うようになるには時間がかかるでしょ
う。そのためしばらくは、Webブラウザの違いを知るために「navigator.
userAgentを見る」という方法が使われ続けると推測されます。

　上で示したGoogle Chromeの例からもわかるように、Webブラウザが
何者なのか判断するのは難しいです。また、Webブラウザは多くあり、バー
ジョンアップがよくあるため、情報を得るプログラムを自分で書くのはやめた

ほうがよいです。もしWebブラウザの違いを知りたいときは、判定用のライブラリを使うとよいでしょう。以下に、執筆時点で名前が知られている2つのライブラリを掲載しておきます。

UAParser.js
https://github.com/faisalman/ua-parser-js

platform.js
https://github.com/bestiejs/platform.js/

document

windowのdocumentプロパティについては、のちほど説明するDOMとイベントのところで詳しく説明します。そうした用途とは別に、documentにはいくつかのプロパティがあります**11**。

11 documentのプロパティ

プロパティ	意味
document.title	Webページのタイトル。Webブラウザのタイトルバーやタブに表示される。
document.cookie	Webページに関連付けられたクッキー。サーバーとやり取りされる小さなデータ。Webブラウザに保存される。

document.cookieについては少し説明が必要です。document.cookieは、SetterやGetterとして動作します。そのため、このプロパティに値を代入したあとに取り出しても、同じ内容にはなりません。関数の引数として渡したり、戻り値を得たりするのと同じだからです。

document.cookieはデータの取得のときは、各データが「キー＝値」、区切り文字が「；」（セミコロン）という形式になります。

代入のときは「キー＝値」のペアを1つだけ書きます。キーと値はencodeURIComponent()でエンコードする必要があります。また代入のときは、データのあとに「；キー＝値」と追記していくことで、追加の設定を加えることができます。この方法で、各データの有効期限などを指定できます。設定の一部を掲載します**12**。

MEMO
英数字だけなら、とくにエンコードする必要はありません。

12 代入のときの設定

プロパティ	意味
;max-age=n	寿命をn秒にする。0以下にすると削除される。
;expires=s	有効期限をsにする。sは、Dateオブジェクトの.toUTCString()で得られる文字列。過去にすると削除される。
;domain=s	クッキーにアクセス可能なドメイン。
;path=s	有効なパスを絶対値で書く（/から書く）。デフォルトは現在のパス。

　とくに何も設定しない場合、設定した情報は、同じドメイン内で有効です。ほかのドメインからは基本的に読み取れません。

　以下に、document.titleの例を示します。

chapter2/window/document-title.html

```
01<!DOCTYPE html>
02<html lang="ja">
03  <head>
04    <meta charset="utf-8">
05    <title>動物大集合</title>
06
07    <script>
08
09    // タイトルを取得してコンソールに出力
10    console.log(document.title);
11
12    // タイトルを変更
13    document.title = '猫のタマの部屋';
14
15    // タイトルを取得してコンソールに出力
16    console.log(document.title);
17
18    </script>
19  </head>
20</html>
```

Console

```
動物大集合
猫のタマの部屋
```

　以下に、document.cookieの例を示します。以下のクッキーの処理は、

ローカルでは動作しません。サーバー上で動かしたときだけ動作します。

```
01 <!DOCTYPE html>
02 <html lang="ja">
03   <head>
04     <meta charset="utf-8">
05     <script>
06
07     // クッキーを取得してコンソールに出力
08     console.log(document.cookie);
09
10     // クッキーの変更
11     document.cookie = 'type=cat';
12     document.cookie = 'name=' + encodeURIComponent('タマ');
13     document.cookie = 'age=3';
14
15     // クッキーを取得してコンソールに出力
16     console.log(document.cookie);
17
18     // クッキーを削除
19     document.cookie = 'type=;max-age=0';
20     document.cookie = 'name=;max-age=0';
21     document.cookie = 'age=;max-age=0';
22
23     </script>
24   </head>
25 </html>
```

Console

```
type=cat; name=%E3%82%BF%E3%83%9E; age=3
```

DOMとイベント

07

Webページから情報を読み取ったり、更新したりするためのDOMを紹介します。要素の選択や中身の操作、クリックなどのイベントに合わせてプログラムを動かす方法を学びます。

DOMとは

DOM（Document Object Model）は、Webページの文書を構造化したものです。JavaScriptからWebページの情報を取得したり変更したりするときは、このDOMを利用します。また、この操作は専用のメソッドを使います。

DOMは、Webページの要素をツリー状に管理しています **01**。

01 DOMのツリー

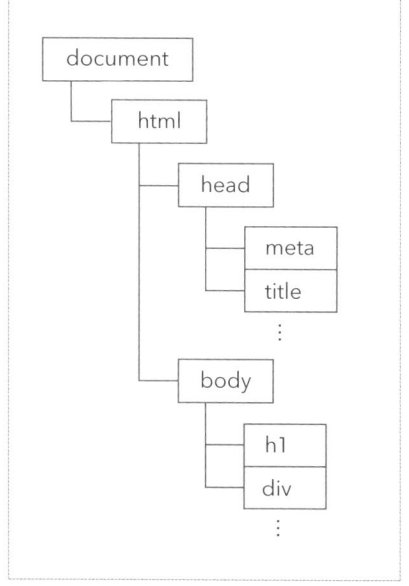

要素を選ぶ

DOMへのアクセスは、要素（Element）の選択から開始します。要素の選択は、documentの各種メソッドを使います。要素を選択するメソッドは多いですが、その中でも.querySelector()や.querySelectorAll()が便利です。そのほかにも、使いやすいメソッドをいくつか紹介します **02**。

MEMO

これらのメソッドは、document.querySelector()のように書くだけでなく、要素.querySelector()のように書くことで、その要素の配下の要素を、選択対象にできます。

02 要素を選択するメソッド

プロパティ	意味
.querySelector(s)	CSSセレクターsで一致する、最初の要素を返す。見つからなければnullを返す。
.querySelectorAll(s)	SSセレクターsで一致する要素の、NodeListを返す。見つからなければ要素が空のNodeListを返す。
.getElementById(s)	IDがsの要素を返す。見つからなければnullを返す。
.getElementsByClassName(s)	クラス名がsの要素を、HTMLCollectionで返す。見つからなければ中身が空のHTMLCollectionを返す。
.getElementsByTagName(s)	タグ名がsの要素を、HTMLCollectionで返す。見つからなければ中身が空のHTMLCollectionを返す。

MEMO
NodeListやHTML
Collectionは配列風オブ
ジェクトです。配列ではな
いですが、配列のよう
に.lengthがあり、インデッ
クスで並んだ要素が内部
にあります。

　CSSセレクターを簡単に説明します。Webページの見た目を決めるCSS（Cascading Style Sheets）で、要素を選択するための書き方です **03**。タグの名前を書いたり、要素のidを「#ID名」と書いたり、クラスを「.クラス名」と書いたりして選択します。さらに細かな選択ができますが、IDとクラスの指定の仕方は最低限覚えておいてください。

MEMO
CSSセレクターは、非常に
多くの選択方法がありま
す。「CSSセレクター」で
Web検索すると、それらを
まとめたWebページが多
く見つかります。参考にし
てください。

03 CSSセレクター

CSSセレクター	意味
タグ名	そのタグの要素。
#ID名	属性idがID名の要素。
.クラス名	属性classがクラス名の要素。
セレクター セレクター	半角スペースで区切ると、左側の要素の配下にある右側の条件の要素。 「.doc p」なら、クラスdoc配下のpタグの要素。

　上記の表の各メソッドの返り値からは、HTMLElementオブジェクトを取り出せます。HTMLElementオブジェクトは、Elementオブジェクトを継承しており、ElementオブジェクトはNodeオブジェクトを継承しています。

　そのため取り出した要素は、HTMLElement、Element、Nodeオブジェクトの、プロパティやメソッドが利用できます。各オブジェクトを区別するのは煩雑なため、ここではまとめて要素と呼びます。

以下に要素を選択して操作する例を示します。よく使用するdocument
.querySelector()とdocument.querySelectorAll()を使って、要素を選
択します。それぞれ、最初に存在する要素を選択して、次に存在しない要素
を選択しようとします。要素が存在しない場合、.querySelector()はnull、
.querySelectorAll()は空のNodeListが返ります。

hapter2/dom/select.html

```
01<!DOCTYPE html>
02<html lang="ja">
03  <head>
04    <meta charset="utf-8">
05  </head>
06  <body>
07    <h1 id="ttl">タイトル</h1>
08    <div class="doc">文章1</div>
09    <div class="doc">文章2</div>
10
11    <script>
12
13    // .querySelector()を使用
14    console.log('--- querySelector ---');
15
16    // idがttlの要素を選択して、コンソールに出力
17    const el1 = document.querySelector('#ttl');
18    console.log(`選択した要素は、${el1}。`);
19
20    // idがfootの要素を選択して(存在しない)、コンソールに出力
21    const el2 = document.querySelector('#foot');
22    console.log(`選択した要素は、${el2}。`);
23
24    // .querySelectorAll()を使用
25    console.log('--- querySelectorAll ---');
26
27    // クラスがdocの要素を全選択して、コンソールに出力
28    const elArr1 = document.querySelectorAll('.doc');
29    console.log(`選択した要素は、${elArr1}。${elArr1.length}個。`);
30
31    // クラスがlistの要素を全選択(存在しない)して、コンソールに出力
32    const elArr2 = document.querySelectorAll('.list');
33    console.log(`選択した要素は、${elArr2}。${elArr2.length}個。`);
34
```

```
35    </script>
36  </body>
37</html>
```

`Console`

```
--- querySelector ---
選択した要素は、[object HTMLHeadingElement]。
選択した要素は、null。
--- querySelectorAll ---
選択した要素は、[object NodeList]。2個。
選択した要素は、[object NodeList]。0個。
```

要素の中身を操作する

　選択した要素に対して各種の操作をする、プロパティやメソッドの一部を紹介します **04**。ここに紹介していないプロパティやメソッドも大量にあります。

04 要素の中身を操作するプロパティ

プロパティ	意味
.innerText	要素内に表示されるテキスト。
.innerHTML	要素内のHTML。
.outerHTML	その要素自体を含むHTML。
.value	フォームのinputやtextareaといった部品の値。
.style	style属性。使用時は.style.colorのように書き、配下の値を読み書きする。
.className	class属性。操作するときは.classListのメソッドを使う。
.id	id属性。
.tagName	タグ名。読み取り専用。

　次に、要素の内容とスタイルを変更する例を示します **05**。listクラスの要素をすべて選択して、内部のHTMLをGoogleへのリンクにして、スタイルを変更します。

```
01<!DOCTYPE html>
02<html lang="ja">
03  <head>
04    <meta charset="utf-8">
05  </head>
06  <body>
07    <ul>
08      <li class="list">猫</li>
09      <li class="list">犬</li>
10      <li class="list">兎</li>
11      <li class="list">狐</li>
12    </ul>
13
14    <script>
15
16    // listクラスの要素をすべて選択
17    const els = document.querySelectorAll('.list');
18
19    // 選択したクラスの全要素を処理
20    els.forEach((x, i) => {
21        // 要素内の文字列を得る
22        const txt = x.innerText;
23
24        // 要素内の文字列からURLを作る
25        const url = 'https://www.google.com/search?q='
26            + encodeURI(txt);
27
28        // 要素内の文字列とURLから、HTMLを組み立てる
29        const html = `<a href="${url}">${txt}</a>`;
30
31        // 要素内のHTMLを変更
32        x.innerHTML = html;
33
34        // 要素のスタイルを変更
35        x.style.background = i % 2 === 0 ? '#ccc' : '#eee';
36        x.style.padding = '0.3em 1em';
37    });
38
39    </script>
40  </body>
```

```
41</html>
```

05 manipulate.html

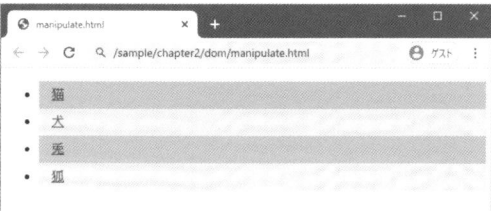

以下に、フォームの値を読み書きする例を示します **06** 。

`chapter2/dom/form.html`

```
01<!DOCTYPE html>
02<html lang="ja">
03  <head>
04    <meta charset="utf-8">
05    <style>
06input {
07    box-sizing: border-box;
08    width: 300px;
09}
10textarea {
11    box-sizing: border-box;
12    width: 300px;
13    height: 4em;
14}
15    </style>
16  </head>
17  <body>
18    <div>
19      <input type="text" value="猫" id="animalType">
20    </div>
21    <div>
22      <input type="text" value="タマ。三毛猫。3歳。" id="description">
23    </div>
24    <div>
25      <textarea id="output"></textarea>
26    </div>
```

```
27
28    <script>
29
30      // idがanimalTypeの要素を選択
31      const elAni = document.querySelector('#animalType');
32
33      // #animalTypeの入力欄の値を得る
34      const animalType = elAni.value;
35
36      // idがdescriptionの要素を選択
37      const elDes = document.querySelector('#description');
38
39      // #descriptionの入力欄の値を得る
40      const description = elDes.value;
41
42      // idがoutputの要素を選択
43      const elOut = document.querySelector('#output');
44
45      // 得た文字列を改行で結合して、#outputに表示する
46      elOut.value = animalType + '\n' + description;
47
48    </script>
49  </body>
50</html>
```

06 form.html

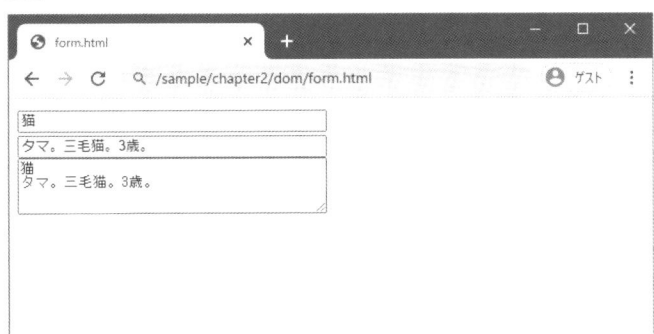

次は属性を操作するメソッドです **07** 。属性は、HTMLタグ<a href="">のhrefの部分です。タグに埋め込まれた情報が属性です。

207

07 属性を操作するメソッド

メソッド	意味
.getAttribute(s)	属性sの値を得る。
.getAttributeNames()	属性名の配列を得る。
.hasAttribute(s)	属性sを持っているか真偽値で返す。
.removeAttribute(s)	属性sを取り除く。
.setAttribute(s, v)	属性sに値vを設定する。

以下に属性を操作する例を示します。href属性からURLを取り出して、コンソールに表示します。

chapter2/dom/attribute.html

```
01<!DOCTYPE html>
02<html lang="ja">
03  <head>
04    <meta charset="utf-8">
05  </head>
06  <body>
07    <ul>
08      <li><a href="https://www.google.com/search?q=cat">cat</a></li>
09      <li><a href="https://www.google.com/search?q=dog">dog</a></li>
10      <li><a href="https://www.google.com/search?q=pig">pig</a></li>
11    </ul>
12
13    <script>
14
15    // aタグの要素をすべて選択
16    const els = document.querySelectorAll('a');
17
18    // 選択したクラスの全要素を処理
19    els.forEach((x, i) => {
20        // リンク先をコンソールに出力
21        console.log(i, x.getAttribute('href'));
22    });
23
24    </script>
25  </body>
26</html>
```

Console

```
0 "https://www.google.com/search?q=cat"
1 "https://www.google.com/search?q=dog"
2 "https://www.google.com/search?q=pig"
```

　次はクラスを操作するメソッドです **08** 。クラスの操作は、.classListのメソッドを使います。

　.classListは、DOMTokenListというリスト形式のオブジェクトです。クラス名の付け替えはWebページのプログラミングでは多いです。クラス名を付けたり外したりすることで、CSSを適用させて見た目を変えたり、アニメーションさせたりします。

MEMO
DOMTokenListオブジェクト で は、.values()、.keys()、.entries()、.forEach()といった、おなじみのメソッドも使えます。

08 クラスを操作するメソッド

メソッド	意味
.classList.add(s)	クラスsを追加。
.classList.remove(s)	クラスsを削除。
.classList.toggle(s)	クラスsを追加か削除。追加時はtrue、削除時はfalseを返す。
.classList.contains(s)	クラスsが含まれていればtrue、それ以外はfalseを返す。

　以下に、クラスの操作をする例を示します **09** 。

chapter2/dom/class-list.html

```
01<!DOCTYPE html>
02<html lang="ja">
03  <head>
04    <meta charset="utf-8">
05    <style>
06.even {
07    background: #ccc;
08    padding: 0.3em 1em;
09}
10.odd {
11    background: #eee;
12    padding: 0.3em 1em;
13}
14    </style>
```

```
15    </head>
16    <body>
17      <ul>
18        <li class="list">猫</li>
19        <li class="list">犬</li>
20        <li class="list">兎</li>
21        <li class="list">狐</li>
22      </ul>
23
24      <script>
25
26      // listクラスの要素をすべて選択
27      const els = document.querySelectorAll('.list');
28
29      // 選択したクラスの全要素を処理
30      els.forEach((x, i) => {
31          // 偶数と奇数で別のクラスを追加
32          if (i % 2 === 0) {
33              x.classList.add('even');
34          } else {
35              x.classList.add('odd');
36          }
37      });
38
39      </script>
40    </body>
41</html>
```

09 class-list.html

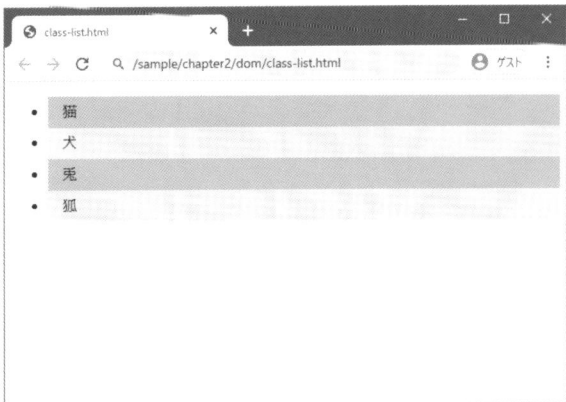

要素を作って追加する

要素は、Nodeオブジェクトを継承しています。そのためNodeのプロパティ **10** やメソッド **11** も持っています。Nodeのプロパティやメソッドを使うと、DOMのツリー構造をたどったり、ツリー構造そのものを操作したりできます。

MEMO
Nodeは、ツリー状のデータを表すオブジェクトです。

10 Nodeのプロパティ

プロパティ	意味
.childNodes	子要素のNodeList。
.parentNode	親のノード。
.parentElement	親のElement。親がないかElementでないならnull。
.firstChild	直下の最初の子ノード。
.lastChild	直下の最後の子ノード。
.previousSibling	ツリー構造で前のノード。
.nextSibling	ツリー構造で次のノード。
.nodeName	ノードの型を表すノード名。
.nodeType	ノードの型を表す数値。ELEMENT_NODEは1、TEXT_NODEは3、COMMENT_NODEは7など。

11 Nodeのメソッド

メソッド	意味
.appendChild(n)	子ノードとしてノードnを追加。
.cloneNode()	ノードを複製。
.insertBefore(n1, n2)	子ノードn2の前にノードn1を挿入。挿入したノードn1を返す。
.removeChild(n)	子ノードnを取り除く。取り除いたノードを返す。
.replaceChild(n1, n2)	ノードn2を取り除き、ノードn1に置き換える。取り除いたノードn2を返す。

要素を作るには、document.createElement()を使います。タグ名を引数にして、そのタグの要素を作ります。

以下に例を示します **12** 。

chapter2/dom/create.html

```
01 <!DOCTYPE html>
02 <html lang="ja">
03   <head>
04     <meta charset="utf-8">
05   </head>
06   <body>
07     <ul id="listRoot"></ul>
08
09     <script>
10
11     // idがlistRootの要素を選択
12     const root = document.querySelector('#listRoot');
13
14     // 配列を作成
15     const arr = ['猫', '犬', '兎', '狐', '猿', '豚', '馬'];
16
17     // 選択した要素の内部にli要素を作成して追加
18     arr.forEach((x, i) => {
19         // URLを作成
20         const url = 'https://www.google.com/search?q=' + encodeURI(x);
21
22         // li要素を作成
23         const li = document.createElement('li');
24
25         // 作成したli要素を、idがlistRootの要素に追加
26         root.appendChild(li);
27
28         // li要素のスタイルを設定
29         li.style.background = i % 2 === 0 ? '#ccc' : '#eee';
30         li.style.padding = '0.3em 1em';
31
32         // a要素の作成
33         const a = document.createElement('a');
34
35         // 作成したa要素を、li要素に追加
36         li.appendChild(a);
37
38         // href属性を設定して、内部の文字列を追加
39         a.setAttribute('href', url);
40         a.innerText = x;
```

```
41    });
42
43    </script>
44  </body>
45</html>
```

12 create.html

イベントの処理を登録する

Webページでは、クリックやキーボードの入力、マウスポインターの移動など、さまざまな**イベント**が起きます。そして、要素やwindowには、それらのイベントが発生したときに呼び出す関数を登録できます**13**。この関数は引数を取ります。第1引数はイベントの詳細が入っているオブジェクトです。

こうした機能を利用して、ボタンやリンクをクリックしたときの処理や、入力欄に文字を入力したときの処理を書けます。また、要素の上にマウスポインターが乗ったときの処理も書けます。

13 イベントの処理を登録するメソッド

メソッド	意味
.addEventListener(e, f)	イベントeが起きたときに実行する関数fを登録する。
.removeEventListener(e, f)	イベントeに登録した関数fを削除する。

イベントの種類は大量にあります。その中から、よく使うものを次に示します**14**。イベントは、ユーザーの操作だけでなく、メディアの読み込みや操作、デバイスの通知など多岐にわたります。必要に応じて、どのようなイベントがあるかWeb検索するとよいでしょう。

14 イベント

イベント	意味
load	読み込みが終了したとき。
DOMContentLoaded	HTML文書が読まれて解析が終わったとき。
focus	要素がフォーカスされたとき。
blur	要素からフォーカスが外れたとき。
resize	要素の縦横のサイズが変更されたとき。
scroll	要素がスクロールされたとき。
keydown	要素の上でキーが押し下げられたとき。
keypress	要素の上でキーが押されたとき。Shift、Fn、Caps Lockは除く。
keyup	要素の上でキーが上げられたとき。
click	要素がクリックされたとき。
mousedown	要素の上でマウスボタンがクリックされたとき。
mouseup	要素の上でマウスボタンが離されたとき。
mouseenter	外から要素にマウスポインターが入ったとき。
mouseleave	要素から外にマウスポインターが出ていったとき。
mousemove	要素の上でマウスポインターが動いたとき。
change	フォーム部品の要素が変更されて確定したとき。
input	フォーム部品の要素が変更されたとき。
submit	フォームの投稿ボタンが押されたとき。

MEMO
changeは、入力欄なら
フォーカスが外れたとき
に起きます。

　以下に例を示します**15**。さまざまなイベントに関数を登録して、イベントが発生したときにコンソールに情報を表示します。windowに登録する処理ですが、DOMContentLoaded（DOMの読み込みが終わったとき）のイベントが先に発生して、load（画像などのほかのファイルの読み込みも完了）のイベントが発生します。idがtextの入力欄に登録する処理は、clickではクリックしたとき、keyupではキーを上げるたび、changeではフォーカスが外れたときに発生します。

214

15 event.html

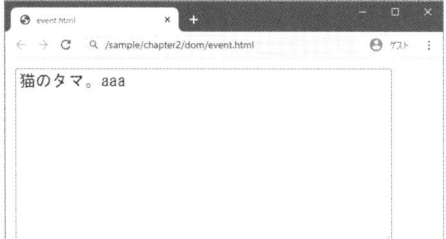

chapter2/dom/event.html

```
01<!DOCTYPE html>
02<html lang="ja">
03  <head>
04    <meta charset="utf-8">
05    <style>
06textarea {
07    width: 300px;
08    height: 10em;
09}
10    </style>
11  </head>
12  <body>
13    <div>
14      <div><textarea id="text">猫のタマ。</textarea></div>
15    </div>
16
17    <script>
18
19    // windowに、DOMContentLoadedとloadの処理を登録
20    window.addEventListener('DOMContentLoaded', e => {
21        console.log(e.currentTarget.toString(), e.type);
22    });
23    window.addEventListener('load', e => {
24        console.log(e.currentTarget.toString(), e.type);
25    });
26
27    // idがtextの要素を選択
28    const elText = document.querySelector('#text');
29
30    // idがtextの要素に、keyup、click、changeの処理を登録
```

```
31    elText.addEventListener('keyup', e => {
32        console.log(e.currentTarget.toString(), e.type);
33    });
34    elText.addEventListener('click', e => {
35        console.log(e.currentTarget.toString(), e.type);
36    });
37    elText.addEventListener('change', e => {
38        console.log(e.currentTarget.toString(), e.type);
39    });
40
41    </script>
42  </body>
43</html>
```

Console

```
[object Window] DOMContentLoaded
[object Window] load
[object HTMLTextAreaElement] click
[object HTMLTextAreaElement] keyup
[object HTMLTextAreaElement] keyup
[object HTMLTextAreaElement] keyup
[object HTMLTextAreaElement] change
```

▼ DOMを使った処理の例

DOMの処理を使った例として、簡単なWebアプリケーションを作ってみましょう。割り勘の計算をするアプリケーションです **16** 。プログラムは少し長いので、全体を見たあと、部分ごとに分けて解説します。

16 app.html

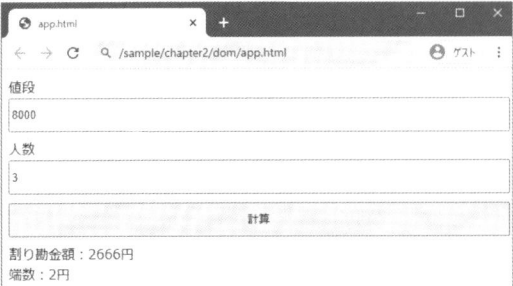

```
01<!DOCTYPE html>
02<html lang="ja">
03  <head>
04    <meta charset="utf-8">
05    <style>
06div {
07    margin-top: 0.6em;
08}
09input, button {
10    box-sizing: border-box;
11    width: 100%;
12    height: 3em;
13}
14    </style>
15  </head>
16  <body>
17    <div>
18      値段<input type="number" value="" id="price">
19    </div>
20    <div>
21      人数<input type="number" value="3" id="person">
22    </div>
23    <div>
24      <div><button id="exec">計算</button></div>
25    </div>
26    <div id="output"></div>
27
28    <script>
29
30    // DOM読み込み終了時の処理を登録
31    window.addEventListener('DOMContentLoaded', () => {
32        // #idがexecのボタンに、クリック時の処理を登録
33        document.querySelector('#exec')
34        .addEventListener('click', () => {
35            // 要素を選択
36            const elPrice  = document.querySelector('#price');
37            const elPerson = document.querySelector('#person');
38            const elOutput = document.querySelector('#output');
39
40            // 数値の取得(文字列なので整数化)
```

```
41              const price  = parseInt(elPrice.value);
42              const person = parseInt(elPerson.value);
43
44              // 割り勘の計算
45              let div = Math.trunc(price / person);
46              let mod = price % person;
47              if (Number.isNaN(div)) { div = 0; }
48              if (Number.isNaN(mod)) { mod = 0; }
49
50              // 出力
51              const html = `割り勘金額:${div}円<br>端数:${mod}円`;
52              elOutput.innerHTML = html;
53          });
54      });
55
56    </script>
57    </body>
58 </html>
```

　まず、DOM読み込み終了時の処理を登録して、その中でidがexecのボタン（「計算」ボタン）に、クリック時の処理を登録します。

```
30      // DOM読み込み終了時の処理を登録
31   window.addEventListener('DOMContentLoaded', () => {
32          // #idがexecのボタンに、クリック時の処理を登録
33       document.querySelector('#exec')
34         .addEventListener('click', () => {
```

　「計算」ボタンをクリックしたら計算を開始します。まず、操作対象の要素を選択します。それぞれ価格（price）、人数（person）、出力（output）部分の要素です。

```
35              // 要素を選択
36              const elPrice  = document.querySelector('#price');
37              const elPerson = document.querySelector('#person');
38              const elOutput = document.querySelector('#output');
```

次に、値段と人数の数値を.valueプロパティで取得します。DOMから得られる値は文字列なので、paeseInt()で整数化します。

MEMO

parseInt()については、P.77を参照してください。

```
40              // 数値の取得(文字列なので整数化)
41              const price  = parseInt(elPrice.value);
42              const person = parseInt(elPerson.value);
```

割り勘の計算を行います。割り算price / personをして、小数点以下の桁を取り除き、整数部をMath.trunc()で得ます。また、%で余りも計算します。計算できない結果 (NaN) になったときは、変数div、modの値を0にします。

```
44              // 割り勘の計算
45              let div = Math.trunc(price / person);
46              let mod = price % person;
47              if (Number.isNaN(div)) { div = 0; }
48              if (Number.isNaN(mod)) { mod = 0; }
```

最後に結果のHTMLを作成して表示します。簡単な処理ですが、割り勘計算アプリの基本的な機能は備わっています。

```
50              // 出力
51              const html = `割り勘金額:${div}円<br>端数:${mod}円`;
52              elOutput.innerHTML = html;
```

CHAPTER 2

基本データ操作

非同期処理

左から右、上から下の実行順とは違い、別のタイミングで実行されるプログラムについて学びます。JavaScriptでは、こうした非同期の処理が多いです。ここでは、非同期処理を書くためのPromiseという仕組みを中心に紹介します。

▼ 非同期処理とは

JavaScriptは基本的に、シングルスレッドのプログラミング言語です。プログラムを頭から順番に処理します。しかし通信の終了待ちなど、待機時間が発生する処理では、この方式は問題があります。そのあいだ、操作不能になってしまうからです。

そこでJavaScriptでは、**非同期処理**という方法で、この問題を解決しています。時間がかかる処理は、終了を待たずに先に進めて、処理が終わったときにコールバック関数で処理を行う方式です。簡単な例を、setTimeout()を利用して見てみます。

`chapter2/asynchronous/set-timeout-1.html`

```
07      console.log('処理1');
08
09      //  100ミリ秒待って実行
10      setTimeout(() => {
11          console.log('処理2');
12      }, 100);
13
14      console.log('処理3');
```

`Console`

```
処理1
処理3
処理2
```

上のプログラムの処理の順番は、プログラムを書いたとおりではありません。処理2は、処理1、処理3が終わったあとに実行されます。

こうした処理は、入れ子になるときもあります。Aの処理を待機して、終わったらBの処理を開始して、Bの処理を待機して、終わったらCの処理を開始して……。こうした処理が複雑になると、インデントの階層が深くなりプログラ

ムが非常に見づらくなります。

chapter2/asynchronous/set-timeout-2.html

```
07    console.log('処理1');
08
09    // 100ミリ秒待って実行
10    setTimeout(() => {
11        console.log('処理A');
12
13        // 100ミリ秒待って実行
14        setTimeout(() => {
15            console.log('処理B');
16
17            // 100ミリ秒待って実行
18            setTimeout(() => {
19                console.log('処理C');
20
21                // 100ミリ秒待って実行
22                setTimeout(() => {
23                    console.log('処理D');
24
25                    // 100ミリ秒待って実行
26                    setTimeout(() => {
27                        console.log('処理E');
28                    }, 100);
29                }, 100);
30            }, 100);
31        }, 100);
32    }, 100);
33
34    console.log('処理2');
```

Console

```
処理1
処理2
処理A
処理B
処理C
処理D
処理E
```

そこで何とか階層を深くせずに、プログラムを書く方法はないかということ
で、解決方法が考えられてきました。そうして出てきた仕様が**Promise**です。
Promiseオブジェクトを使うことで、階層が深い非同期処理を、階層が深くな
らないように書けます。以降、このPromiseについて見ていきます。

▼ Promise

Promiseオブジェクトは、new演算子で初期化するときにコールバック関
数を取ります。このコールバック関数は、resolve（解決）とreject（拒絶）と
いう2つの関数を引数に取ります。

コールバック関数内では、時間のかかる処理などを行います。そして問題な
く終了すれば、resolve()を実行します。引数を設定して、結果を次の処理に
渡せます。また、問題が発生すれば、reject()を実行します。こちらも引数を
設定して、結果を次の処理に渡せます。引数なしでもかまいません。

Promiseオブジェクトには、いくつかのインスタンスメソッドがあります。こ
れらのメソッドの引数にした関数は、resolve()かreject()を実行したときに
呼び出されます。

```
new Promise((resolve, reject) => {
    時間のかかる処理
    正常に終了したときは → resolve(dataA)
    異常に終了したときは → reject(dataB)
})
.then(dataA => {
    resolveを実行したときの処理
}, dataB => {
    rejectを実行したときの処理（なくてもよい）
});
```

MEMO
then()については、P.226
で詳しく説明します。

Promiseのインスタンスメソッドは、戻り値としてPromiseオブジェクトを返
します。そのため、メソッドチェーン（鎖状にメソッドをつなげる書き方）で、さ
らに次の処理を書けます。

```
new Promise((resolve, reject) => {
})
.then(data => {
    resolveが実行されたときの処理
})
.then(data => {
})
.then(data => {
});
```

.then()内の関数の戻り値をPromiseオブジェクトにしたときは、最初の
Promiseと同じように、resolveかrejectが実行されるまで待機して先に進
みます。

```
new Promise((resolveA, reject) => {
    ⋮
    resolveA()
})
.then(data => {
    resolveAを実行したあとの処理
    return new Promise((resolveB, reject) => {
        ⋮
        resolveB()
    });
})
.then(data => {
    resolveBを実行したあとの処理
    return new Promise((resolveC, reject) => {
        ⋮
        resolveC()
    });
})
.then(data => {
    resolveCを実行したあとの処理
});
```

　こうすることで、非同期処理のインデントの階層を深くせずに、順次処理を行っていくプログラムを書けます。

　以下、先ほどのsetTimeoutの処理を、Promiseの書き方で書き直します。

chapter2/asynchronous/promise-1.html

```
07    console.log('処理1');
08
09    new Promise((resolve, reject) => {
10        // 100ミリ秒待って実行
11        setTimeout(() => {
12            console.log('処理A');
13            resolve();
14        }, 100);
15    })
16    .then(d => {
17        return new Promise((resolve, reject) => {
18            // 100ミリ秒待って実行
19            setTimeout(() => {
20                console.log('処理B');
21                resolve();
22            }, 100);
23        });
24    })
25    .then(d => {
26        return new Promise((resolve, reject) => {
27            // 100ミリ秒待って実行
28            setTimeout(() => {
29                console.log('処理C');
30                resolve();
31            }, 100);
32        });
33    })
34    .then(d => {
35        return new Promise((resolve, reject) => {
36            // 100ミリ秒待って実行
37            setTimeout(() => {
38                console.log('処理D');
39                resolve();
40            }, 100);
41        });
42    })
```

```
43      .then(d => {
44          return new Promise((resolve, reject) => {
45              // 100ミリ秒待って実行
46              setTimeout(() => {
47                  console.log('処理E');
48                  resolve();
49              }, 100);
50          });
51      })
```

Console

```
処理1
処理2
処理A
処理B
処理C
処理D
処理E
```

　もう少しすっきりと書きたいので、少し書き直しましょう。以下のように書き直せば、だいぶすっきりとします。Promiseを使うときは、このように関数を作るとわかりやすく書けます。

chapter2/asynchronous/promise-2.html

```
07      // 待機用の関数
08      function wait(msg) {
09          // Promiseオブジェクトを戻り値にする
10          return new Promise((resolve, reject) => {
11              // 100ミリ秒待って実行
12              setTimeout(() => {
13                  console.log(msg);
14                  resolve();
15              }, 100);
16          });
17      };
18
19      console.log('処理1');
20
21      wait('処理A')
```

```
22     .then(d => {
23         return wait('処理B');
24     })
25     .then(d => {
26         return wait('処理C');
27     })
28     .then(d => {
29         return wait('処理D');
30     })
31     .then(d => {
32         return wait('処理E');
33     })
34
35     console.log('処理2');
```

`Console`

```
処理1
処理2
処理A
処理B
処理C
処理D
処理E
```

Promiseのインスタンスメソッドには、以下の3種類があります **01** 。

01 Promiseのインスタンスメソッド

メソッド	意味
.then(f1, f2)	resolve()のときは関数f1、reject()のときは関数f2を実行。
.catch(f1)	reject()のときは関数f1を実行。
.finally(f1)	resolve()でもreject()でも関数f1を実行。

　注意すべき点は、reject()が実行されたら、reject()実行時に呼び出される処理まで、一気に進んでいき、resolve()実行時の処理は無視されることです。こうした処理場所の移動は、try catch文に似ています。また、最後に実行されるfinally節と.finally()メソッドも似ています。
　次に例を示します。

```
07      // 待機用の関数
08      function wait(msg, isOk = true) {
09          // Promiseオブジェクトを戻り値にする
10          return new Promise((resolve, reject) => {
11              // 100ミリ秒待って実行
12              setTimeout(() => {
13                  console.log(msg);
14                  if (isOk) {
15                      // isOkがtrueなら解決
16                      resolve();
17                  } else {
18                      // isOkがfalseなら拒否
19                      reject();
20                  }
21              }, 100);
22          });
23      };
24
25      wait('処理A', false)   // ここでrejectに
26      .then(d => {
27          return wait('処理B 成功');
28      }, d => {
29          return wait('処理B 失敗');
30      })
31      .then(d => {
32          return wait('処理C 成功', false);   // ここでrejectに
33      })
34      .then(d => {
35          return wait('処理D 成功');
36      })
37      .then(d => {
38          return wait('処理E 成功');
39      })
40      .catch(d => {
41          return wait('処理F 失敗');
42      })
43      .finally(d => {
44          return wait('処理G 終了');
45      })
```

`Console`

```
処理A
処理B 失敗
処理C 成功
処理F 失敗
処理G 終了
```

「処理B 成功」と「処理D 成功」「処理E 成功」が飛ばされているのがわかります。少々わかりにくいので、図で示します **02**。

02 処理の流れ

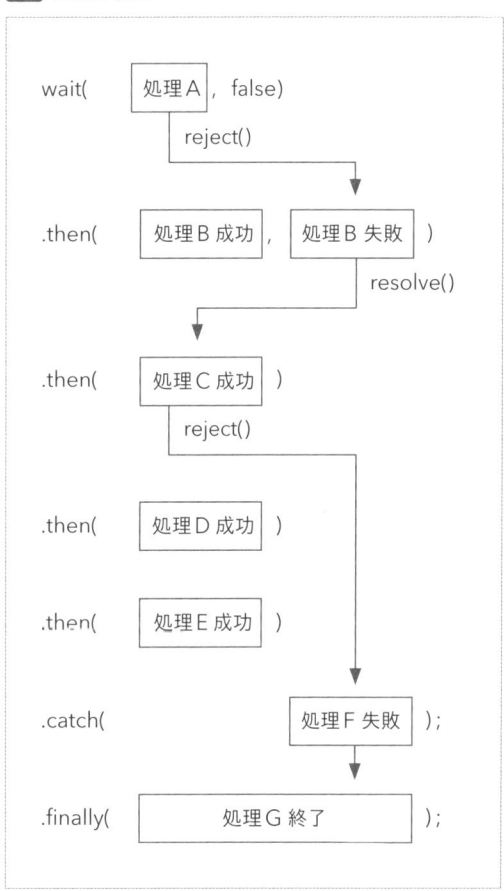

.then()の中でthrowを使うと、reject()を実行したように.catch()まで飛ばせます。以下の例では、処理C、処理Dが飛ばされています。

chapter2/asynchronous/promise-4.html

```
07    // 待機用の関数
08    function wait(msg) {
09        // Promiseオブジェクトを戻り値にする
10        return new Promise((resolve, reject) => {
11            // 100ミリ秒待って実行
12            setTimeout(() => {
13                console.log(msg);
14                resolve();
15            }, 100);
16        });
17    };
18
19    wait('処理A')
20    .then(d => {
21        throw new Error('Oh!');   // 例外を起こす
22        return wait('処理B');
23    })
24    .then(d => {
25        return wait('処理C');
26    })
27    .then(d => {
28        return wait('処理D');
29    })
30    .catch(d => {
31        return wait('処理E');
32    })
33    .finally(d => {
34        return wait('処理F');
35    })
```

Console

```
処理A
処理E
処理F
```

Promiseの静的メソッド

　Promiseには、いくつかの静的メソッドがあります。これらを使うと複数の
Promiseを引数にして、すべて完了したときに処理を進めたり、1つ完了した
ときにすぐに進めたりできます。こうしたメソッドを中心に、Promiseの静的メ
ソッドを紹介します。

　以下は、配列など反復処理が可能な引数を取るメソッドです
03 **04** **05** **06** **07**。.all()と.any()は正反対の処理です。

03 反復処理が可能な引数を取るメソッド

メソッド	意味
.all(a)	Promiseの配列aがすべて解決すれば、解決とみなし、結果の配列をあとの処理に送る。1つでも拒否されれば拒否とみなし、結果をあとの処理に送る。Promiseを返す。
.any(a)	Promiseの配列aが1つでも解決すれば、解決とみなし、結果をあとの処理に送る。すべて拒否すれば拒否とみなし、AggregateErrorをあとの処理に送る。Promiseを返す。
.allSettled(a)	Promiseの配列aの処理がすべて終われば、解決とみなし、すべての結果を配列にしてあとの処理に送る。Promiseを返す。
.race(a)	Promiseの配列aの処理が1つでも終われば次の処理に移行する。その1つの処理が解決なら解決とみなし、拒否なら拒否とみなす。Promiseを返す。

04 .all()

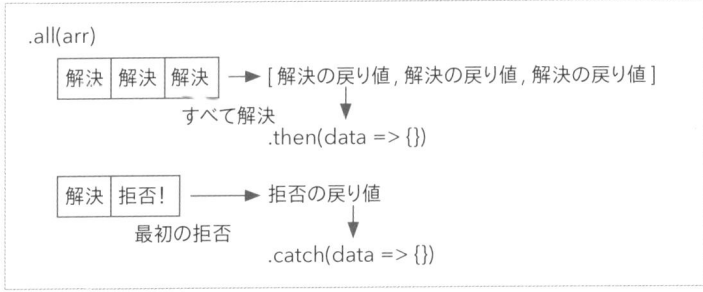

05 .any()

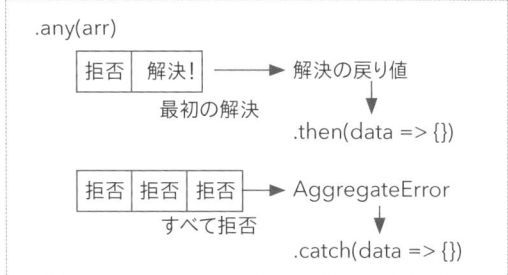

06 .allSettled()

07 .race()

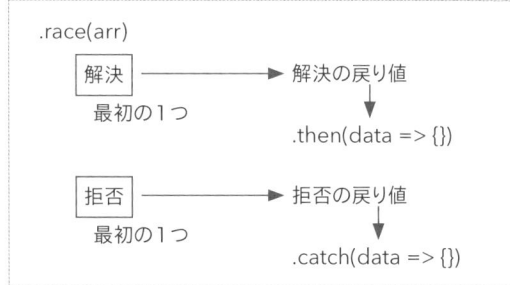

　以下は、特殊なPromiseを返すメソッドです **08** 。.then()内の関数の戻り値などに使えます。

08 特殊なPromiseを返すメソッド

メソッド	意味
.reject(v)	引数vの理由で拒否したPromiseを返す。
.resolve(v)	引数vの理由で解決したPromiseを返す。

以下に、.all()、.any()、.allSettled()、.race()の違いがわかる例を示します。待機用の関数wait()はすべて共通です。

```
07     // 待機用の関数
08     function wait(tm, isResolve = true) {
09         // Promiseオブジェクトを戻り値にする
10         return new Promise((resolve, reject) => {
11             // tmミリ秒待って実行
12             setTimeout(() => {
13                 // コンソールに情報を出力
14                 console.log(tm, isResolve ? 'resolve' : 'reject');
15
16                 if (isResolve) {
17                     // isResolveがtrueなら解決
18                     resolve(`${tm}!`);
19                 } else {
20                     // isResolveがfalseなら拒否
21                     reject(`${tm}!`);
22                 }
23             }, tm);
24         });
25     };
```

まずは、.all()です。待機用の関数wait()は共通です。すべてが解決するか、拒否が起きれば、先に進みます。

```
27     // .all() その1
28     setTimeout(() => {
29         console.log('--- .all() その1 ---');
30
31         // Promiseオブジェクトの配列を作成
32         const arr = [wait(10, true), wait(20, true), wait(30, true)];
33
34         // .all()の処理
35         Promise.all(arr).then(data => {
36             // 成功時
37             console.log('@ then :', data);
```

```
38          }).catch(data => {
39              // 失敗時
40              console.log('@ catch :', data);
41          });
42      }, 0);
43
44      // .all() その2
45      setTimeout(() => {
46          console.log('--- .all() その2 ---');
47
48          // Promiseオブジェクトの配列を作成
49          const arr = [wait(10, true), wait(20, false), wait(30, true)];
50
51          // .all()の処理
52          Promise.all(arr).then(data => {
53              // 成功時
54              console.log('@ then :', data);
55          }).catch(data => {
56              // 失敗時
57              console.log('@ catch :', data);
58          });
59      }, 100);
```

`Console`

```
--- .all() その1 ---
10 "resolve"
20 "resolve"
30 "resolve"
@ then : (3) ["10!", "20!", "30!"]
--- .all() その2 ---
10 "resolve"
20 "reject"
@ catch : 20!
30 "resolve"
```

　次は、.any()です。待機用の関数wait()は共通です。すべてが拒否される
か、解決が起きれば、先に進みます。

```
27      // .any() その1
28      setTimeout(() => {
29          console.log('--- .any() その1 ---');
30
31          // Promiseオブジェクトの配列を作成
32          const arr = [wait(10, false), wait(20, true), wait(30, false)];
33
34          // .any()の処理
35          Promise.any(arr).then(data => {
36              // 成功時
37              console.log('@ then :', data);
38          }).catch(data => {
39              // 失敗時
40              console.log('@ catch :', data);
41          });
42      }, 0);
43
44      // .any() その2
45      setTimeout(() => {
46          console.log('--- .any() その2 ---');
47
48          // Promiseオブジェクトの配列を作成
49          const arr = [wait(10, false), wait(20, false), wait(30, false)];
50
51          // .any()の処理
52          Promise.any(arr).then(data => {
53              // 成功時
54              console.log('@ then :', data);
55          }).catch(data => {
56              // 失敗時
57              console.log('@ catch :', data);
58          });
59      }, 100);
```

Console

```
--- .any() その1 ---
10 "reject"
20 "resolve"
@ then : 20!
30 "reject"
```

```
--- .any() その2 ---
10 "reject"
20 "reject"
30 "reject"
@ catch : AggregateError: All promises were rejected
```

次は、.allSettled()です。待機用の関数wait()は共通です。すべての処理が終われば、先に進みます。

chapter2/asynchronous/promise-static-all-settled.html

```
27    // Promiseオブジェクトの配列を作成
28    const arr = [wait(10, false), wait(20, true), wait(30, false)];
29
30    // .allSettled()の処理
31    Promise.allSettled(arr).then(data => {
32        console.log('@ then :', data);
33    });
```

Console

```
10 "reject"
20 "resolve"
30 "reject"
@ then : (3) [
    {status: "rejected", reason: "10!"},
    {status: "fulfilled", value: "20!"},
    {status: "rejected", reason: "30!"}
]
```

最後は、.race()です。待機用の関数wait()は共通です。最初の1つの処理が終われば、先に進みます。

chapter2/asynchronous/promise-static-race.html

```
27    // .race() その1
28    setTimeout(() => {
29        console.log('--- .race() その1 ---');
30
31        // Promiseオブジェクトの配列を作成
```

```
32        const arr = [wait(10, true), wait(20, false), wait(30, true)];
33
34        // .race()の処理
35        Promise.race(arr).then(data => {
36            // 成功時
37            console.log('@ then :', data);
38        }).catch(data => {
39            // 失敗時
40            console.log('@ catch :', data);
41        });
42    }, 0);
43
44    // .race() その2
45    setTimeout(() => {
46        console.log('--- .race() その2 ---');
47
48        // Promiseオブジェクトの配列を作成
49        const arr = [wait(10, false), wait(20, true), wait(30, false)];
50
51        // .race()の処理
52        Promise.race(arr).then(data => {
53            // 成功時
54            console.log('@ then :', data);
55        }).catch(data => {
56            // 失敗時
57            console.log('@ catch :', data);
58        });
59    }, 100);
```

Console

```
--- .race() その1 ---
10 "resolve"
@ then : 10!
20 "reject"
30 "resolve"
--- .race() その2 ---
10 "reject"
@ catch : 10!
20 "resolve"
30 "reject"
```

asyncとawait

　JavaScriptの非同期処理は、Promiseを使うことでインデントを深くせずに書くことができました。しかし、プログラムとしては、決して見やすいものではありません。もっとシンプルにわかりやすく書く方法も用意されています。それが、asyncとawaitを使った書き方です。

　async functionと書くことで、その関数は非同期処理を扱う関数になります。async functionは暗黙的にPromiseオブジェクトを返します。async function内ではawaitを使い、Promiseの処理を待ちつつプログラムを進められます。awaitを付けた関数の戻り値は、resolve()の引数になります。また、try catch文で囲ったawaitの処理は、reject()をcatchで捕まえられます。

　以下に例を示します。

chapter2/asynchronous/async-await.html

```
07      // 待機用の関数
08      function wait(msg, isResolve = true) {
09          // Promiseオブジェクトを戻り値にする
10          return new Promise((resolve, reject) => {
11              // 100ミリ秒待って実行
12              setTimeout(() => {
13                  if (isResolve) {
14                      // isResolveがtrueなら解決
15                      resolve(msg);
16                  } else {
17                      // isResolveがfalseなら拒否
18                      reject(`error(${msg})`);
19                  }
20              }, 100);
21          });
22      };
23
24      // async実験用の関数
25      async function exec() {
26          console.log(await wait('処理A'));
27          console.log(await wait('処理B'));
28
29          // try catch文
```

```
30        try {
31              // 例外が発生するかもしれない処理
32              console.log(await wait('処理C', false));
33              console.log(await wait('処理D'));
34        } catch(e) {
35              // 例外発生時の処理
36              console.log('例外発生', e);
37        }
38
39        console.log('処理終了');
40    };
41
42    // 処理の開始
43    console.log('処理1');
44    console.log(exec());
45    console.log('処理2');
```

`Console`

```
処理1
Promise {<pending>}
処理2
処理A
処理B
例外発生 error(処理C)
処理終了
```

Fetch APIでネットワーク通信を行う

　fetch()関数を使うと、URLを引数にしてネットワーク通信ができます。この処理は非同期処理です。そして、fetch()関数はPromiseオブジェクトを返します。Promiseオブジェクト内の関数は、Responseオブジェクトを受け取ります。このResponseには、プロパティやメソッドがあり、通信により取得したデータを取り出すこともできます。

```
fetch(URLの文字列)
.then(response => {
    Responseオブジェクトを使った処理
})
```

また、複雑な通信を行いたいときは、fetch()の第2引数にオブジェクトでネットワークの設定を書くこともできます。この設定は、複雑な処理が必要になったときに「JavaScript fetch」でWeb検索をして調べるとよいでしょう。

```
fetch(URLの文字列, {
    method: 'POST',   // GETやPOSTを指定
    headers: {},   // ヘッダーに追加する情報
    body: ''   // 送信するデータ
})
.then(response => {
    Responseオブジェクトを使った処理
})
```

Responseオブジェクトには、さまざまなプロパティやメソッドがあります。一部を掲載します **09**。

09 Responseオブジェクトのプロパティ

プロパティ	意味
.headers	ヘッダー。
.ok	レスポンスが成功したかの真偽値。
.status	HTTPステータスコード。200（成功）など。
.statusText	HTTPステータスコードに応じたメッセージ。OKなど。
.url	レスポンスのURL。
.body	レスポンスのボディ。

以下にメソッドを示します **10**。.json()や.text()を使うことで、次の.then()でJSONやテキストを受け取れます。

10 Responseオブジェクトのメソッド

メソッド	意味
.json()	Promiseオブジェクトを返す。JSONオブジェクトを引数にresolve()する。
.text()	Promiseオブジェクトを返す。文字列を引数にresolve()する。

fetch()関数でdata.jsonを読み込む例を示します。この処理はサーバー上にファイルがあるときしか動きません。

次は、通信処理で読み込むdata.jsonファイルです。

chapter2/net/data.json

```
01 {"animals": ["猫", "犬", "兎", "狐"]}
```

　以下は、通信処理を行うfetch.htmlファイルです。Responseオブジェクトの.json()メソッドを利用して、JSONをパースしたオブジェクトを、次の.then()で取り出しています。

chapter2/net/fetch.html

```
07    // URL
08    const url = './data.json';
09
10    // fetchの処理
11    fetch(url)
12    .then(response => {
13        // Responseの内容をコンソールに出力
14        console.log('--- Response ---');
15        console.log(response.url);
16        console.log(response.status);
17        console.log(response.ok);
18        console.log(response.statusText);
19
20        // レスポンスからjsonを得る
21        return response.json()
22    })
23    .then(result => {
24        // 成功時 resultはJSONをパースしたオブジェクト
25        const txt = JSON.stringify(result, null, '  ');
26        console.log('--- Success ---');
27        console.log(txt);
28    })
29    .catch(error => {
30        // 失敗時
31        console.error('--- Error ---');
32        console.error(error);
33    });
```

MEMO
このプログラムは、Webサーバー上に設置しないと、セキュリティー制限のため動作しません。

Console

```
--- Response ---
http://127.0.0.1/chapter2/net/data.json
200
```

```
true
OK
--- Success ---
{
  "animals": [
    "猫",
    "犬",
    "兎",
    "狐"
  ]
}
```

XMLHttpRequestでネットワーク通信を行う

　fetch()よりも古い方法ですが、XMLHttpRequestを利用してもネットワーク通信ができます。こちらの例も示しておきます。

chapter2/net/xml-http-request.html

```
07    // URL
08    const url = './data.json';
09
10    // XMLHttpRequestオブジェクトの作成
11    var oReq = new XMLHttpRequest();
12
13    // 読み込み後の処理を登録
14    oReq.addEventListener('load', function() {
15        console.log(this.status);
16        console.log(this.statusText);
17        console.log(this.responseURL);
18        console.log(this.response);
19        console.log(this.responseText);
20    });
21
22    // 通信を開始
23    oReq.open('GET', url);
24    oReq.send();
```

MEMO
このプログラムは、Webサーバー上に設置しないと、セキュリティー制限のため動作しません。

Console

```
200
OK
http://127.0.0.1/chapter2/net/data.json
{"animals": ["猫", "犬", "兎", "狐"]}
{"animals": ["猫", "犬", "兎", "狐"]}
```

▼ クロスオリジン

通信の処理では、どの場所と通信をするかが重要です。インターネット上の場所を表すURLは、https://example.com/company/history.htmlのようになっています。このexample.comの部分がドメインと呼ばれる接続先です。

あるWebページのプログラムの通信相手が、Webページと同じドメインだったとき、通信先は信頼できます。しかし、違うドメインだったときは情報漏洩が起きる危険があります。Webの世界では、こうした通信は、セキュリティ上危険な行為としてブロックされることが多いです。

こうした通信は、**CORS**（Cross-Origin Resource Sharing、オリジン間リソース共有）と呼ばれます。JavaScriptを利用した通信も、同じドメインか、違うドメインかで通信できたり、できなかったりします。通信処理がうまくいかないときは、ドメインが原因であることがあります。そのため、同じドメインかそうでないかに注意してください。

クロスオリジンのデータを通信で得るための方法は、いくつかあります。1つはサーバー側のレスポンスヘッダで許可する方法です。Web APIの中にはaccess-control-allow-origin: *という値を付けることで、どのドメインからアクセスしてもデータを読み取れるようにしています。

もう1つはデータをJavaScriptファイルとして読み込む方法です。JavaScriptとして読み込む方法では、JSONPという方式がよく使われます。JSONPは、JSON with paddingの略です。paddingは、付け足しという意味です。

JSONPでは、JSONの文字列を関数で囲うことで、特定の関数にデータを読み込ませます。Web APIの多くでは、callback用の関数の名前を指定して、その関数にJSONの文字列を渡す仕掛けを用意しています。

次に、URLと取得するJSONPの雰囲気がわかる例を示します。callbackの値resFncを関数名として、JSONを囲っているのがわかります。呼び出し元にresFnc()関数があれば、JSONをオブジェクトとして受け取ることができます。

```
https://example.com/api?q=abc&callback=resFnc
```

```
resFnc({"animals": ["猫", "犬", "兎", "狐"]})
```

Canvas

09

CanvasはWebページのJavaScriptで使える描画領域です。このCanvasを使い、図形などを描く方法を学びます。パスの使い方や、文字列や画像の描画、PNGやJPEG画像の取り出し方などを解説します。

HTML5のCanvas

HTML5には、**Canvas**要素があります。この要素には、JavaScriptのプログラムから図形を描いたりグラフを描いたりできます。また、作成した画像をData URLという形式で取り出すこともできます。取り出したData URLは、imgタグで画像として表示したり、画像ファイルとしてダウンロードしたりできます。

ここではHTML5のCanvasを使い、描画を行う方法を紹介します。まず、HTML内にcanvasタグを用意します。このタグの属性にはwidth（横幅）とheight（高さ）を設定します。この領域が、描画に使うCanvasになります。

```
<canvas width="400" height="300"></canvas>
```

width（横幅）とheight（高さ）は、Canvas内の画素数を決めます。ここで画素数を決めたあと、CSSのwidthやheightで横幅や高さを変えても、画素数は変わりません。作成したCanvasが引き延ばされて表示されたり、縮んで表示されたりするだけです。

作成したCanvas要素をJavaScriptで選択したあと、描画するには**コンテクスト**を取り出す必要があります。現在のCanvasのコンテクストには2dとwebglがあります。前者は2次元の描画を行い、後者は3次元の描画を行います。ここでは2dを使います。Canvasの.getContext()メソッドを使って取り出したコンテクストに対して、描画処理を行います。

```
const canvas = document.querySelector('canvas');
const context = canvas.getContext('2d');
```

また、2DコンテクストのCanvasでは、左上の座標が原点（x,yが0,0）になります **01**。作成した直後のCanvasの画素は透明です。横幅はcanvasの.width、高さは.heightで得られます。

```
canvas.width
canvas.height
```

01 座標

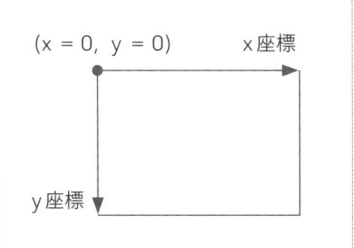

以下に、canvasタグと、2次元コンテクストを取り出す例を示します**02**。

02 canvas.html

```chapter2/canvas/canvas.html```

```
01<!DOCTYPE html>
02<html>
03  <head>
04    <meta charset="UTF-8" />
05    <style>
06canvas { border: solid 1px #888; }
07    </style>
08  </head>
09  <body>
10
```
```

```
11    <canvas id="canvas" width="400" height="300"></canvas>
12
13    <script>
14
15    // Canvasを選択して、2次元コンテクストを取り出す
16    const canvas  = document.querySelector('#canvas');
17    const context = canvas.getContext('2d');
18
19    // Canvasと2次元コンテクストを文字列にして出力
20    console.log(canvas.toString());
21    console.log(context.toString());
22
23    // 横幅と高さを出力
24    console.log(canvas.width);
25    console.log(canvas.height);
26
27    </script>
28  </body>
29</html>
```

`Console`

```
[object HTMLCanvasElement]
[object CanvasRenderingContext2D]
400
300
```

矩形の描画

　矩形とは長方形のことです。プログラムの世界では、長方形のことを矩形とよく呼びます。矩形を描くメソッドは3種類あります。2Dコンテクストの基本的な描画処理であるfill（塗りつぶし）、stroke（線描画）と、clear（削除）の命令です **03**。

03 矩形を描くメソッド

メソッド	意味
.fillRect(x, y, w, h)	座標x, y、横幅w、高さhで矩形を塗りつぶす。
.strokeRect(x, y, w, h)	座標x, y、横幅w、高さhで矩形の線を描く。
.clearRect(x, y, w, h)	座標x, y、横幅w、高さhで矩形の領域を削除する。

MEMO
.clearRect(0, 0, canvas
.width, canvas.height)
とすれば、中身をすべて削
除できます。
同じように、.fillRect(0,
0, canvas.width, canvas
.height)とすれば、全体を
塗りつぶせます。

また、こうしたfillやstrokeの描画の仕方は、2Dコンテクストのプロパティで設定します。それらの中で、よく使うものを以下に示します **04** 。

04 2Dコンテクストのプロパティ

プロパティ	意味
.fillStyle	#ffbbccやrgba(0,0,255,0.5)などの、CSSと同じ記法の塗りつぶしスタイルを設定。
.strokeStyle	#ffbbccやrgba(0,0,255,0.5)などの、CSSと同じ記法の線描画スタイルを設定。
.lineWidth	線の幅をピクセル数で指定。
.lineCap	線の終端の形状を、butt（終端に垂直）、round（終端を中心に丸く）、square（終端を中心に四角）のいずれかで設定。
.lineJoin	線の曲がる場所の形状を、bevel（角を落とす）、round（丸く）、miter（そのまま延長して尖らせる）のいずれかで設定。
.globalAlpha	描画時の透明度を0.0～1.0で設定。

また、2Dコンテクストの状態の変更は、保存したあとに、もとの状態に復帰できます。描画の途中で状態を保存して、一時的に値を変更したあとで、もとに戻すときは、以下の命令を使います **05** 。

05 保存と復帰のメソッド

メソッド	意味
.save()	設定を保存。
.restore()	設定を復帰。

これらの命令は入れ子にできます。初期状態から、保存1回目の状態、保存2回目の状態と.save()を2回くり返したあとは、.restore()をするごとに、保存2回目の状態、保存1回目の状態と設定が戻ります。

以下に矩形描画の例を示します **06** 。背景を塗りつぶしたあと、矩形の塗りつぶし、線描画、消去を行います。線描画は、矩形の位置が線の中心です。また、保存しておいた設定を復帰して、背景と同じ色で矩形を描きます。

MEMO
#ffbbccは、R（赤）が0xff、G（緑）が0xbb、B（青）が0xccの色です。rgba(0,0,255,0.5)は、R（赤）が0、G（緑）が0、B（青）が255、透明度が0.5の色です。

06 rect.html

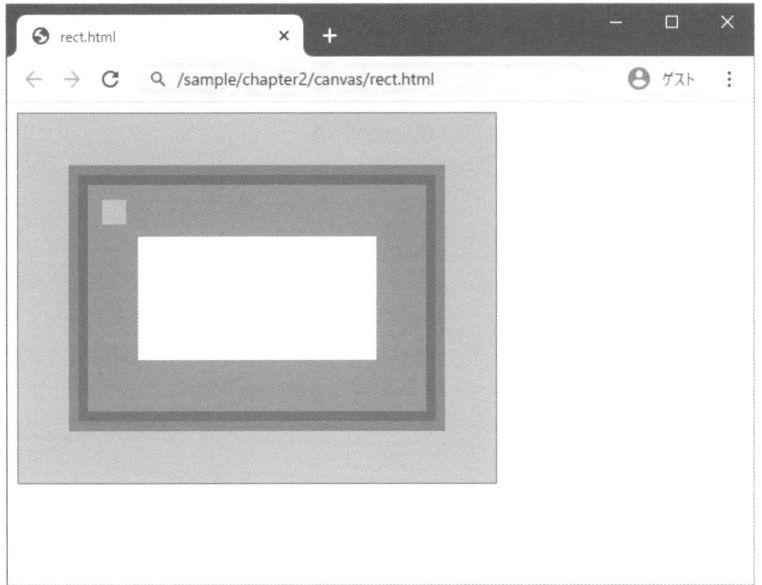

chapter2/canvas/rect.html

```
01<!DOCTYPE html>
02<html>
03  <head>
04    <meta charset="UTF-8" />
05    <style>
06canvas { border: solid 1px #888; }
07    </style>
08  </head>
09  <body>
10
11    <canvas id="canvas" width="400" height="300"></canvas>
12
13    <script>
14
15    // Canvasを選択して、2次元コンテクストを取り出す
16    const canvas  = document.querySelector('#canvas');
17    const context = canvas.getContext('2d');
18
19    // 背景を作る(設定を行い、矩形を描く)
20    context.fillStyle = '#cccccc';
21    context.fillRect(0, 0, canvas.width, canvas.height);
22
```

```
23      // 2次元コンテクストの状態を保存
24      context.save();
25
26      // 設定を行う
27      context.fillStyle    = '#ff8888';
28      context.strokeStyle = 'rgba(32, 64, 255, 0.33)';
29      context.lineWidth    = 16;
30
31      // 矩形を描く
32      context.fillRect(   50,  50, 300, 200);   // 塗りつぶし
33      context.strokeRect(50,   50, 300, 200);   // 線描画
34      context.clearRect(100, 100, 200, 100);   // 消去
35
36      // 2次元コンテクストの状態を復帰
37      context.restore();
38
39      // 矩形を描く
40      context.fillRect(70, 70, 20, 20);   // 塗りつぶし
41
42      </script>
43    </body>
44</html>
```

▼ パスの描画

　Canvasの2Dコンテクストでは、点を設定していき、その点をつないで**パス**を作ります。そして、パスの中を塗りつぶしたり、パスに沿って線を引いたりします。

　パスは.beginPath()でリセットをして指定を開始します。そして.moveTo()で始点を設定してサブパスの作成を開始します。サブパスは複数作ることができ、まとめて塗りつぶしなどを行えます。

　始点を設定したあとは、.lineTo()で点を追加していきます。パスを閉じたいときは、.closePath()を実行すると、始点と最終座標を結んでパスを閉じます。閉じなかったときは開いたままになります **07** 。

MEMO
パスは、複数の点をつないだ線、あるいは複数の点をもとに作った線です。

07 パスのメソッド

メソッド	意味
.beginPath()	現在のパスをリセットして、パスの指定を開始。
.moveTo(x, y)	座標x, yに始点を移動。サブパスの作成を開始。
.lineTo(x, y)	座標x, yにパスの座標を追加。
.closePath()	始点と最終座標を結んでパスを閉じる。
.fill()	パスの内側を塗りつぶす。
.stroke()	パスに沿って線描画。
.clip()	画像を描画可能な、切り抜き領域を作る。

　切り抜き領域の作成前に.save()で保存し、.clip()を使ったあと.resotre()
で復帰すると、切り抜き領域を消せます。
　次に、パスを使った描画の例を示します**08**。4つの三角形を描きます。パ
スを閉じなかったとき（左上）と閉じたとき（右上）、そしてクリップしたとき（左
下）と、クリップを解除したとき（右下）です。

08 rect.html

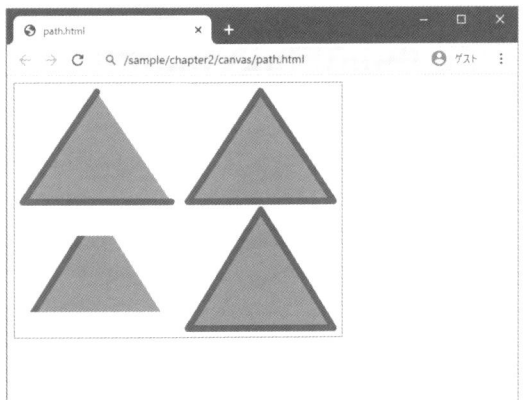

chapter2/canvas/path.html

```
01<!DOCTYPE html>
02<html>
03  <head>
04    <meta charset="UTF-8" />
05    <style>
06canvas { border: solid 1px #888; }
07    </style>
08  </head>
```

```
09   <body>
10
11       <canvas id="canvas" width="400" height="300"></canvas>
12
13       <script>
14
15       // Canvasを選択して、2次元コンテクストを取り出す
16       const canvas  = document.querySelector('#canvas');
17       const context = canvas.getContext('2d');
18
19       // 設定を行う
20       context.fillStyle   = '#ff8888';
21       context.strokeStyle = '#4466ff';
22       context.lineWidth   = 8;
23       context.lineCap     = 'round';
24       context.lineJoin    = 'round';
25
26       // パスの指定を開始
27       context.beginPath();
28
29       // 左上に三角
30       context.moveTo(100, 10);
31       context.lineTo( 10, 140);
32       context.lineTo(190, 140);
33
34       // 右上に三角
35       context.moveTo(300, 10);
36       context.lineTo(210, 140);
37       context.lineTo(390, 140);
38       context.closePath()
39
40       context.fill();     // 塗りつぶし
41       context.stroke();   // 線描画
42
43       // パスの指定を開始
44       context.beginPath();
45
46       // 切り抜き領域を作る(下部に横長の矩形)
47       context.moveTo(  0, 180);
48       context.lineTo(400, 180);
49       context.lineTo(400, 270);
50       context.lineTo(  0, 270);
```

```
51     context.closePath()
52
53     // コンテクストを保存してクリップ
54     context.save();
55     context.clip();
56
57     // パスの指定を開始
58     context.beginPath();
59
60     // 左下に三角
61     context.moveTo(100, 150);
62     context.lineTo( 10, 290);
63     context.lineTo(190, 290);
64
65     context.fill();     // 塗りつぶし
66     context.stroke();   // 線描画
67
68     // コンテクストを復帰
69     context.restore();
70
71     // パスの指定を開始
72     context.beginPath();
73
74     // 右下に三角
75     context.moveTo(300, 150);
76     context.lineTo(210, 290);
77     context.lineTo(390, 290);
78     context.closePath()
79
80     context.fill();     // 塗りつぶし
81     context.stroke();   // 線描画
82
83     </script>
84   </body>
85</html>
```

▼ 円弧の描画

2Dコンテクストを利用すると円のパスも作れます **09** 。

09 円のパスのメソッド

メソッド	意味
.arc(x, y, r, s, e[, a])	座標x, yを中心に、半径r、開始角度s、終了角度eの円弧を作る。パスは時計回りに作られ、aにtrueを設定すると反時計回りになる。aは省略可能。

　角度の単位はラジアンです。角度は右端から始まり、2πで1周します。Math.PIがπを表すので、2 * Math.PIで1周です。360度で表したいときは、360 / 180 * Math.PIと書けばよいでしょう。

　次に例を示します **10**。

10 arc.html

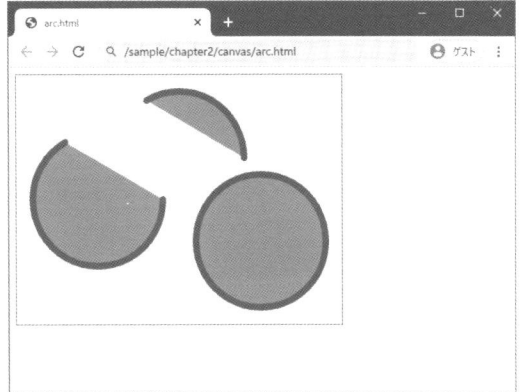

chapter2/canvas/arc.html

```
01<!DOCTYPE html>
02<html>
03   <head>
04     <meta charset="UTF-8" />
05     <style>
06canvas { border: solid 1px #888; }
07     </style>
08   </head>
09   <body>
10
11     <canvas id="canvas" width="400" height="300"></canvas>
12
13     <script>
14
```

```
15     // Canvasを選択して、2次元コンテクストを取り出す
16     const canvas  = document.querySelector('#canvas');
17     const context = canvas.getContext('2d');
18
19     // 設定を行う
20     context.fillStyle   = '#ff8888';
21     context.strokeStyle = '#4466ff';
22     context.lineWidth   = 8;
23     context.lineCap     = 'round';
24
25     // パスを作る 時計回り
26     context.beginPath();
27     context.arc(100, 150, 80, 0, 240 / 180 * Math.PI);
28     context.fill();     // 塗りつぶし
29     context.stroke();   // 線描画
30
31     // パスを作る 半時計回り
32     context.beginPath();
33     context.arc(200, 100, 80, 0, 240 / 180 * Math.PI, true);
34     context.fill();     // 塗りつぶし
35     context.stroke();   // 線描画
36
37     // パスを作る ぐるっと1周
38     context.beginPath();
39     context.arc(300, 200, 80, 0, 360 / 180 * Math.PI);
40     context.fill();     // 塗りつぶし
41     context.stroke();   // 線描画
42
43     </script>
44   </body>
45 </html>
```

▼ 文字列の描画

2Dコンテクストを利用すると文字の描画も行えます。また、2Dコンテクストには文字の設定のプロパティもあります。まずは設定のプロパティを紹介します **11** 。

11 文字の設定のプロパティ

プロパティ	意味
.font	"bold 14px 'MS 明朝'"のように、スタイル、サイズ、種類を設定する。
.textAlign	横方向の揃え位置を指定。start（初期値）、end、left、right、centerを指定可能。
.textBaseline	縦方向の揃え位置を指定。top、hanging、middle、alphabetic（初期値）、ideographic（漢字などの下端）、bottomを指定可能。

次は描画のメソッドを紹介します**12**。

12 文字を描画するメソッド

メソッド	意味
.fillText(t, x, y[, m])	文字列tを、座標x, yに塗りつぶし描画。最大横幅mも指定可能。
.strokeText(t, x, y[, m])	文字列tを、座標x, yに線描画。最大横幅mも指定可能。
.measureText(t).width	現在の設定で文字列tを描画したときの横幅を得る。

次に例を示します**13**。左側は線描画で横位置を変更、右側は塗りつぶしで縦位置を変更しています。縦位置と横位置は、配列とループ処理を使って設定しています。

MEMO

縦位置は、同じ設定でもフォントによって位置が異なるので、確認しながら調整するとよいです。

13 text.html

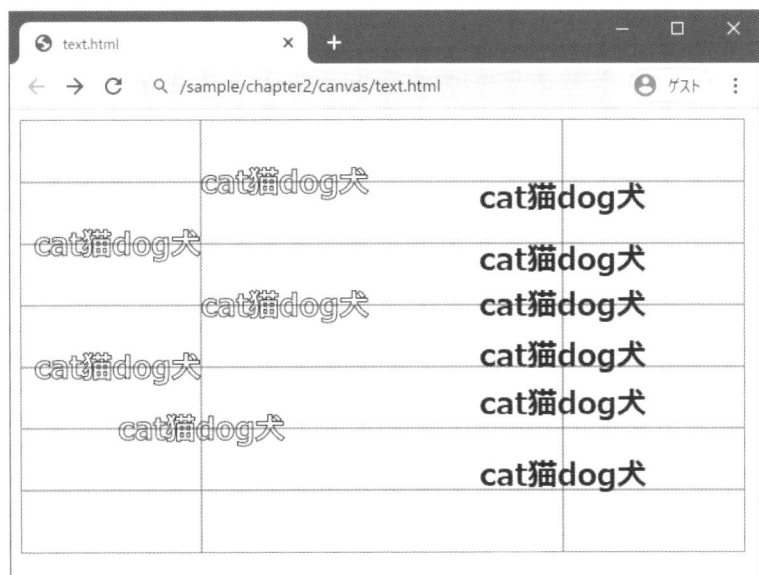

chapter2/canvas/text.html

```
01 <!DOCTYPE html>
02 <html>
03   <head>
04     <meta charset="UTF-8" />
05     <style>
06 canvas { border: solid 1px #888; }
07     </style>
08   </head>
09   <body>
10
11     <canvas id="canvas" width="600" height="350"></canvas>
12
13     <script>
14
15     // Canvasを選択して、2次元コンテクストを取り出す
16     const canvas  = document.querySelector('#canvas');
17     const context = canvas.getContext('2d');
18
19     // 線描画で罫線を作る
20     context.beginPath();
21     context.moveTo(150, 0);   // 縦線
22     context.lineTo(150, canvas.height);
23     context.moveTo(450, 0);   // 縦線
24     context.lineTo(450, canvas.height);
25
26     const lnH = 50;
27     for (let i = 1; i <= 6; i ++) {
28         context.moveTo(0, i * lnH);   // 横線
29         context.lineTo(canvas.width, i * lnH);
30     }
31
32     context.strokeStyle = '#666';
33     context.stroke();   // 線描画
34
35     // 設定を行う
36     context.fillStyle    = '#000';
37     context.strokeStyle  = '#000';
38     context.lineWidth    = 1;
39     context.font         = 'bold 25px sans-serif';
40     const t = 'cat猫dog犬'
41
```

```
42      // 文字列描画 左側 横位置変更 線描画
43      context.textBaseline = 'middle';
44      const arrA = ['start', 'end', 'left', 'right', 'center'];
45      arrA.forEach((x, i) => {
46          context.textAlign = x;
47          context.strokeText(t, 150, lnH * (i + 1));
48      });
49
50      // 文字列描画 右側 縦位置変更 塗りつぶし描画
51      context.textAlign = 'center';
52      const arrB = ['top', 'hanging', 'middle',
53          'alphabetic', 'ideographic', 'bottom'];
54      arrB.forEach((x, i) => {
55          context.textBaseline = x;
56          context.fillText(t, 450, lnH * (i + 1));
57      });
58
59      </script>
60   </body>
61</html>
```

▼ 画像の描画

　画像をCanvasの2Dコンテクストに描画できます。画像には、以下のもの
が使えます。

・imgタグで読み込んだ画像。
・Imageオブジェクトで読み込んだ画像。
・ほかのCanvas。

　次に、画像を描画するメソッドを示します **14** 。

14 画像を描画するメソッド

メソッド	意味
.drawImage(i, dx, dy)	画像iを、座標dx, dyに描画。
.drawImage(i, dx, dy, dw, dh)	画像iを、座標dx, dyに、横幅dw、高さdhで描画。
.drawImage(i, sx, sy, sw, sh, dx, dy, dw, dh)	画像iの座標sx, syから横幅sw、高さshの領域を、座標dx, dyに、横幅dw、高さdhで描画。

　画像の読み込みは非同期処理です。そのため、画像を読み込んで描画するときは、読み込みを待ってから描画します。

　次に例を示します **15** **16**。画像の一部を描画します。画像は、メトロポリタン美術館のパブリックドメインのものを使っています。

15 元画像

16 image.html

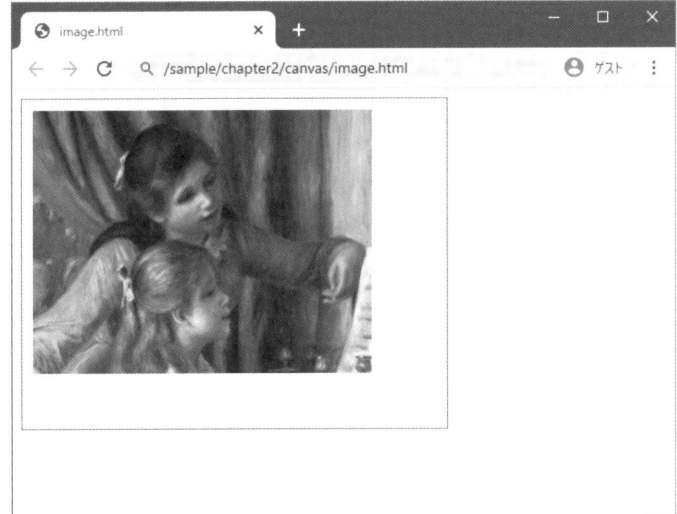

MEMO

画像のonload属性に関数を登録するか、.addEventListener()でloadイベントに関数を登録します。

```
01 <!DOCTYPE html>
02 <html>
03   <head>
04     <meta charset="UTF-8" />
05     <style>
06 canvas { border: solid 1px #888; }
07     </style>
08   </head>
09   <body>
10
11     <canvas id="canvas" width="400" height="300"></canvas>
12
13     <script>
14
15     // Canvasを選択して、2次元コンテクストを取り出す
16     const canvas  = document.querySelector('#canvas');
17     const context = canvas.getContext('2d');
18
19     // Imageオブジェクトを作成
20     const img = new Image();
21
22     // 読み込み完了時の処理を登録
23     img.onload = function() {
24         // 画像を描画
25         context.drawImage(img,
26             140, 180, 640, 480,
27              10,  10, 320, 240);
28     };
29
30     // 画像を読み込む
31     img.src = './DT3131_w1024.jpg';
32
33     </script>
34   </body>
35 </html>
```

画素の処理

ImageDataオブジェクトを利用すれば、画素単位での描画処理ができます。ImageDataオブジェクトには、横幅と高さを表す.width、.heightプロパティと、RGBAのデータが配列になっている.dataプロパティがあります。Rは赤、Gは緑、Bは青、Aはアルファ値（透明度）で、それぞれ0から255の値です。.dataの配列では、右の順番でデータが格納されています **17**。

17 データの並び

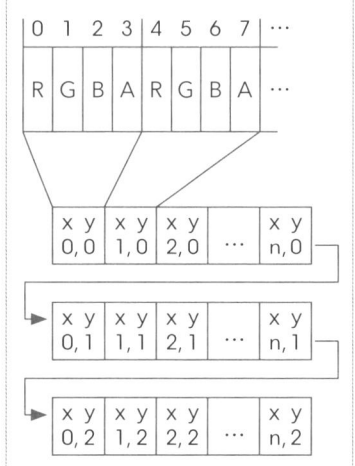

Canvasの2Dコンテクストには、ImageDataオブジェクトを取り出すメソッドや、ImageDataオブジェクトをCanvasに描画するメソッドがあります。以下に、それらの一部を紹介します **18**。

18 ImageDataオブジェクトを操作するメソッド

メソッド	意味
.getImageData(sx, sy, sw, sh)	座標sx, syから横幅sw、高さ shの領域を、ImageDataとして取り出す。
.putImageData(i, dx, dy)	ImageDataを座標dx, dyに描画。
.putImageData(i, dx, dy, sx, sy, sw, sh)	ImageDataの座標sx, syから横幅sw、高さshの領域を、座標dx, dyに描画。

注意！

ローカルの画像ファイルを貼り付けたCanvasは、セキュリティの制限があり、ImageDataオブジェクトを取り出せません。

以下に例を示します **19**。同心円の図形を描画したあと、その図形の一部をグレーにして白黒逆転させています。各画素の情報を見て、RGBの平均値に変えたあと、255から引きます。

19 image-data.html

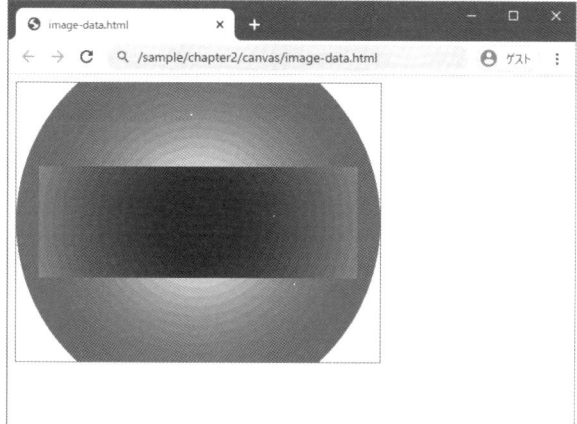

chapter2/canvas/image-data.html

```
01<!DOCTYPE html>
02<html>
03  <head>
04    <meta charset="UTF-8" />
05    <style>
06canvas { border: solid 1px #888; }
07    </style>
08  </head>
09  <body>
10
11    <canvas id="canvas" width="400" height="300"></canvas>
12
13    <script>
14
15    // Canvasを選択して、2次元コンテクストを取り出す
16    const canvas  = document.querySelector('#canvas');
17    const context = canvas.getContext('2d');
18
19    // 円を描く
20    for (let i = 0; i < 16; i ++) {
21        context.beginPath();
22        context.arc(200, 150, 200 - i * 10, 0, 2 * Math.PI);
23        context.fillStyle = `rgb(255, ${16 * i}, ${8 * i})`;
24        context.fill();   // 塗りつぶし
25    }
```

```
26
27     //  ImageDataオブジェクトを取り出す
28     const imgDt = context.getImageData(25, 90, 350, 120);
29     const data = imgDt.data;
30
31     //  画素に対して処理をする
32     for (let i = 0; i < data.length; i += 4) {
33         //  RGBAを取り出す
34         const r = data[i + 0];
35         const g = data[i + 1];
36         const b = data[i + 2];
37         const a = data[i + 3];
38
39         //  グレーにして白黒逆転
40         const gray = Math.trunc((r + g + b) / 3);
41         data[i + 0] = data[i + 1] = data[i + 2] = 255 - gray;
42     }
43
44     //  ImageDataオブジェクトを描画する
45     context.putImageData(imgDt, 25, 90);
46
47     </script>
48   </body>
49 </html>
```

MEMO
代入は「=」でつなげることで、連続して行えます。

▼ Data URLの取り出し

Canvasから画像を取り出して、imgタグに入れたり、ダウンロードしたりできます。取り出す形式は、Data URLと呼ばれる文字列です。この値をそのまま画像として利用できます **20** 。

20 Data URLを取り出すメソッド

メソッド	意味
.toDataURL([t, e])	画像の種類t、エンコードオプションeで、Data URLを得る。引数を指定しないときはpng形式。

画像の種類をjpegにしたいときは、第1引数を'image/jpeg'と書きます。デフォルト値は'image/png'です。'image/jpeg'を指定したとき、エンコードオプションとして、0から1の値を指定するとエンコードの質を調整できます。

デフォルト値は0.92です。

　以下に例を示します **21**。Canvasに図形を描画したあと、画像をData URLで取り出して、imgタグでWebページに挿入します。

注意 !
ローカルの画像ファイルを貼り付けたCanvasは、セキュリティの制限のため、Data URLを取り出せません。

21 to-data-url.html

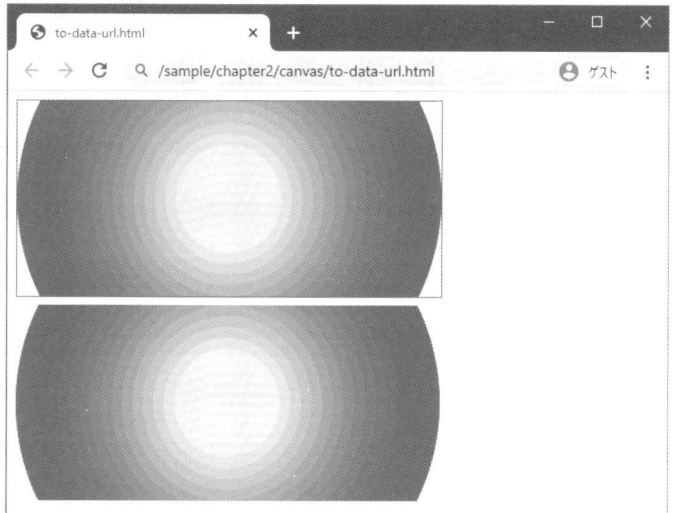

chapter2/canvas/to-data-url.html

```
01<!DOCTYPE html>
02<html>
03  <head>
04    <meta charset="UTF-8" />
05    <style>
06canvas { border: solid 1px #888; }
07    </style>
08  </head>
09  <body>
10
11    <canvas id="canvas" width="400" height="180"></canvas>
12
13    <script>
14
15      // Canvasを選択して、2次元コンテクストを取り出す
16      const canvas  = document.querySelector('#canvas');
17      const context = canvas.getContext('2d');
18
```

```
19      // 円を描く
20      for (let i = 0; i < 16; i ++) {
21          context.beginPath();
22          context.arc(canvas.width / 2, canvas.height / 2,
23              200 - i * 10, 0, 2 * Math.PI);
24          context.fillStyle = `rgb(255, ${16 * i}, ${8 * i})`;
25          context.fill();    // 塗りつぶし
26      }
27
28      // Data URLを得る
29      const dtUrl = canvas.toDataURL();
30      console.log(dtUrl);
31
32      // 画像としてWebページに追加
33      const elImg = document.createElement('img');
34      elImg.setAttribute('src', dtUrl);
35      document.querySelector('body').appendChild(elImg);
36
37      </script>
38  </body>
39</html>
```

▼ その他

　2Dコンテクストを利用すると曲線のパスを作ったり、座標を変形（拡大縮小、回転、移動）させたりすることもできます。また、描画時の色の合成方法を指定することもできます。色塗りの方法としてグラデーションを指定することも可能です。

　そうしたさまざまな機能があるので、必要に応じて「HTML5 Canvas」のキーワードでWeb検索をしてください。多くの実例を見ることができます。

アニメーション

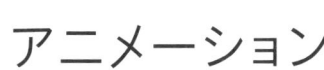

一定時間ごとに画面を書き換えるアニメーションについて学びます。クラスの付け外し、スタイルの変更、animate()関数の利用など、さまざまな方法があるので、それらを紹介します。

定期処理によるアニメーション

アニメーションは、一定時間ごとに描画内容を更新すると実現できます。そのために必要な手段はすでに学んできました。setInterval()を使えば定期処理ができます。要素のstyleを書き換えて位置を移動したり、Canvasを使って描画したりすることもできます。ここでは、さまざまな方法でアニメーションを実現します。

setInterval()は定期処理ができますが、アニメーション用の命令ではありません。windowには、requestAnimationFrame()というメソッドがあります。こちらは、Webブラウザの描画タイミングで呼び出されます。

requestAnimationFrame()は引数にコールバック関数を取ります。コールバック関数は、引数として現在時刻のタイムスタンプを受け取ります。タイムスタンプはミリ秒単位で、小数点以下までの精度を持ちます。コールバック関数内で、requestAnimationFrame()を呼び出せば、次の描画が行われます。

```
変数 = 関数 (現在時刻のタイムスタンプ) {
    アニメーションの処理
    requestAnimationFrame(変数)
}
requestAnimationFrame(変数)
```

requestAnimationFrame()はrequestIDを返します。requestIDをcancelAnimationFrame()に渡せば、アニメーション処理をキャンセルできます 01 。

01 アニメーションのメソッド

メソッド	意味
requestAnimationFrame(f)	Webブラウザの描画タイミングで関数fを実行する。requestIDを返す。
cancelAnimationFrame(id)	requestIDに対応するアニメーションをキャンセルする。

以下に要素のstyleを書き換えて位置を移動する例を示します**02**。

02 style.html

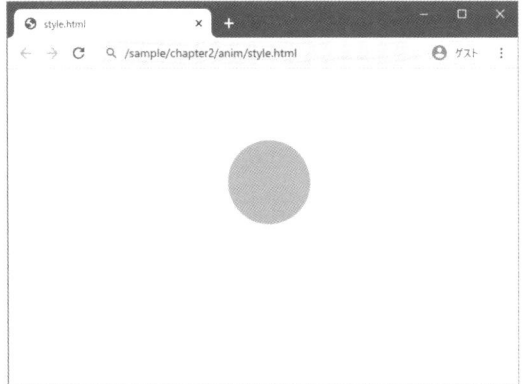

`chapter2/anim/style.html`

```
01<!DOCTYPE html>
02<html lang="ja">
03  <head>
04    <meta charset="utf-8">
05    <style>
06#box {
07    position: fixed;
08    left: 0;
09    top: 0;
10    width: 100px;
11    height: 100px;
12    background: #faa;
13    border-radius: 50px;
14}
15    </style>
16  </head>
17  <body>
```

```
18      <div id="box"></div>
19
20      <script>
21
22      // アニメーション用関数
23      const step = function(tm) {
24          // idがboxの要素を選択
25          const elBox = document.querySelector('#box');
26
27          // タイムスタンプの時間から移動位置を作成
28          const x = Math.trunc(tm / 4 % 500);
29          const y = Math.trunc(tm / 8 % 300);
30
31          // コンソールに出力
32          console.log(`time : ${tm}, x : ${x}, y : ${y}`);
33
34          // 位置の反映
35          elBox.style.left = `${x}px`;
36          elBox.style.top  = `${y}px`;
37
38          // アニメーションの再実行
39          requestAnimationFrame(step);
40      };
41
42      // アニメーションの実行
43      requestAnimationFrame(step);
44
45      </script>
46  </body>
47</html>
```

Console

```
time : 544.17, x : 136, y : 68
time : 560.852, x : 140, y : 70
time : 577.524, x : 144, y : 72
time : 594.227, x : 148, y : 74
time : 610.912, x : 152, y : 76
time : 627.576, x : 156, y : 78
time : 644.282, x : 161, y : 80
time : 660.98, x : 165, y : 82
⋮
```

以下にCanvasを使ったアニメーションの例を示します **03**。

03 canvas.html

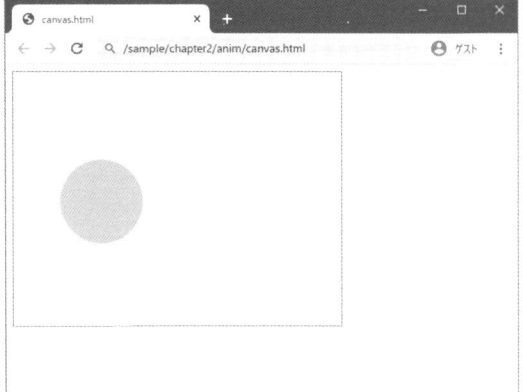

`chapter2/anim/canvas.html`

```
01 <!DOCTYPE html>
02 <html lang="ja">
03   <head>
04     <meta charset="utf-8">
05     <style>
06 canvas { border: solid 1px #888; }
07     </style>
08   </head>
09   <body>
10     <canvas width="400" height="300" id="canvas"></canvas>
11
12     <script>
13
14     // idがcanvasのCanvasを選択して、2次元コンテクストを取り出す
15     const canvas  = document.querySelector('#canvas');
16     const context = canvas.getContext('2d');
17
18     // 塗りつぶし色を設定
19     context.fillStyle = '#fcc';
20
21     // アニメーション用関数
22     const step = function(tm) {
23         // タイムスタンプの時間から移動位置を作成
24         const x = Math.trunc(tm / 4 % canvas.width);
```

```
25          const y = Math.trunc(tm / 8 % canvas.height);
26
27          // コンソールに出力
28          console.log(`time : ${tm}, x : ${x}, y : ${y}`);
29
30          // まず、前回の描画内容を全部消す
31          context.clearRect(0, 0, canvas.width, canvas.height);
32
33          // 円形のパスを作成して塗りつぶす
34          context.beginPath();
35          context.arc(x, y, 50, 0, 2 * Math.PI);
36          context.fill();
37
38          // アニメーションの再実行
39          requestAnimationFrame(step);
40      };
41
42      // アニメーションの実行
43      requestAnimationFrame(step);
44
45    </script>
46  </body>
47</html>
```

Console

```
time : 319.254, x : 79, y : 39
time : 335.896, x : 83, y : 41
time : 352.63, x : 88, y : 44
time : 369.279, x : 92, y : 46
time : 385.987, x : 96, y : 48
time : 402.702, x : 100, y : 50
time : 419.355, x : 104, y : 52
time : 436.022, x : 109, y : 54
  :
```

クラス操作によるアニメーション

　CSSのアニメーション機能を利用して、クラスの付け替えでアニメーション
を行います。Webページの演出としては、この方法がもっとも多く使われるで
しょう。

以下にクラス操作によるアニメーションの例を示します `04` `05` `06`。三本線のメニューバーをクリックすると、×ボタンに変形します。

`04` class.html

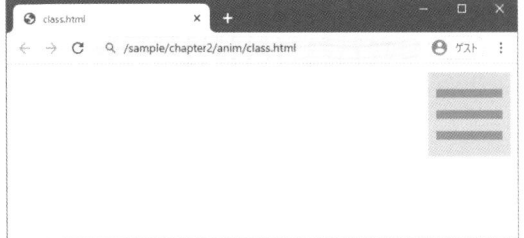

`05` class.html

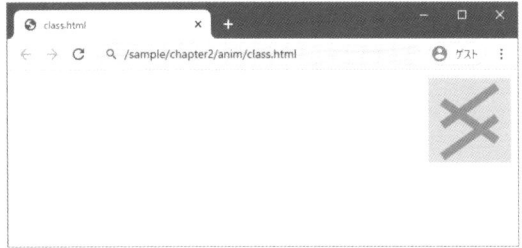

`06` class.html

chapter2/anim/class.html

```
01<!DOCTYPE html>
02<html lang="ja">
03  <head>
04    <meta charset="utf-8">
05    <style>
06/* idがmenuの要素　ボタンの土台部分 */
07#menu {
08    position: fixed;    /* 固定位置 */
```

```
09      right:   10px;        /* 右座標 */
10      top:     10px;        /* 上座標 */
11      width:   100px;       /* 横幅 */
12      height: 100px;        /* 高さ */
13      background: #ddd;     /* 背景 */
14}
15/* classがmenuBarの要素  3本線 */
16.menuBar  {
17      position: absolute;   /* 親に対する絶対位置 */
18      left:    10px;        /* 左座標 */
19      width:   80px;        /* 横幅 */
20      height: 10px;         /* 高さ */
21      background: #aaa;     /* 背景 */
22      transition: 0.8s;     /* アニメーション時間は0.8秒 */
23}
24
25/* classがmenuBarの要素  1～3本目の初期位置 */
26.menuBar:nth-of-type(1) { top: 20px; }   /* 上座標 */
27.menuBar:nth-of-type(2) { top: 45px; }   /* 上座標 */
28.menuBar:nth-of-type(3) { top: 70px; }   /* 上座標 */
29
30/* classがcloseの要素  バツ印になるように中心に移動して回転 */
31.close { top: 45px !important; }   /* 上座標 */
32.close:nth-of-type(1) { transform:rotateZ(-135deg); }   /* 回転 */
33.close:nth-of-type(2) { transform:rotateZ( 135deg); }   /* 回転 */
34.close:nth-of-type(3) { transform:rotateZ(-135deg); }   /* 回転 */
35    </style>
36  </head>
37  <body>
38    <div id="menu">
39      <span class="menuBar"></span>
40      <span class="menuBar"></span>
41      <span class="menuBar"></span>
42    </div>
43
44    <script>
45
46    // idがmenuの要素に、クリック時の処理を登録
47    document.querySelector('#menu')
48    .addEventListener('click', e => {
49        // クラスがmenuBarの要素すべてに処理
50        document.querySelectorAll('.menuBar')
```

```
51          .forEach(x => {
52              // closeクラスを付け外し
53              x.classList.toggle('close');
54          });
55      });
56
57      </script>
58  </body>
59</html>
```

少し細かく解説します。

操作対象になるのは、idがmenuの要素です。アニメーションの対象になるのは、クラスがmenuBarの要素です。

`chapter2/anim/class.html`

```
38      <div id="menu">
39          <span class="menuBar"></span>
40          <span class="menuBar"></span>
41          <span class="menuBar"></span>
42      </div>
```

idがmenuの要素にクリック時の処理を登録します。クリックするとmenuBarクラスの全要素に処理を行います。処理の内容は、closeクラスの付け外しです。

`chapter2/anim/class.html`

```
46      // idがmenuの要素に、クリック時の処理を登録
47      document.querySelector('#menu')
48      .addEventListener('click', e => {
49          // クラスがmenuBarの要素すべてに処理
50          document.querySelectorAll('.menuBar')
51          .forEach(x => {
52              // closeクラスを付け外し
53              x.classList.toggle('close');
54          });
55      });
```

関係するスタイルを以下に示します。最初は、上が20px、45px、70pxの位置に3本の棒があります。

chapter2/anim/class.html

```
25/* classがmenuBarの要素　1～3本目の初期位置 */
26.menuBar:nth-of-type(1) { top: 20px; }   /* 上座標 */
27.menuBar:nth-of-type(2) { top: 45px; }   /* 上座標 */
28.menuBar:nth-of-type(3) { top: 70px; }   /* 上座標 */
```

closeクラスが付くと、真ん中の45pxの位置に集合して、それぞれ回転します。

chapter2/anim/class.html

```
30/* classがcloseの要素　バツ印になるように中心に移動して回転 */
31.close { top: 45px !important; }   /* 上座標 */
32.close:nth-of-type(1) { transform:rotateZ(-135deg); }   /* 回転 */
33.close:nth-of-type(2) { transform:rotateZ( 135deg); }   /* 回転 */
34.close:nth-of-type(3) { transform:rotateZ(-135deg); }   /* 回転 */
```

menuBarクラスにtransition: 0.8sの設定があるため、0.8秒かけて変化が起きます。

chapter2/anim/class.html

```
15/* classがmenuBarの要素　3本線 */
16.menuBar {
17    position: absolute;   /* 親に対する絶対位置 */
18    left:    10px;        /* 左座標 */
19    width:   80px;        /* 横幅 */
20    height:  10px;        /* 高さ */
21    background: #aaa;      /* 背景 */
22    transition: 0.8s;     /* アニメーション時間は0.8秒 */
23}
```

このように、クラスを付け外しすることで、アニメーションが実現できます。

.animate()によるアニメーション

アニメーションは、要素の.animate()関数を使っても行えます **07** 。

07 .animate()関数

メソッド	意味
.animate(a, b)	変化させるスタイル設定aと、変化の時間などの設定bを指定して、要素をアニメーションさせる。Animationオブジェクトを返す。

　第1引数には、配列もしくはオブジェクトでスタイル設定を書きます。配列の順番に変化していきます。要素0が最初の状態です。末尾の要素が最後の状態です。最後の状態が終わると、変化前の状態に戻ります。

```
.animate([
    {スタイル名: 値, スタイル名: 値, スタイル名: 値},
    {スタイル名: 値, スタイル名: 値, スタイル名: 値},
    {スタイル名: 値, スタイル名: 値, スタイル名: 値}
], b)
```

```
.animate({
    スタイル名: [値, 値, 値],
    スタイル名: [値, 値, 値],
    スタイル名: [値, 値, 値]
}, b)
```

　第2引数は、変化にかけるミリ秒か、変化の詳細設定をオブジェクトで指定します。オブジェクトには、いくつかの設定を書けます。その一部を示します **08** 。

08 設定のプロパティ

プロパティ	意味
delay	アニメーションの開始を遅らせるミリ秒。
duration	アニメーションを行うミリ秒。
easing	エフェクトの動き方。
endDelay	アニメーション終了後、次の処理に移行するミリ秒。

　戻り値のAnimationオブジェクトには、多くのプロパティやメソッド、イベントがあります。そのうちのいくつかを示します**09** **10**。

09 Animationオブジェクトのプロパティ

プロパティ	意味
.currentTime	アニメーションの現在時間ミリ秒。
.finished	アニメーションの終了時に処理を行うPromise。
.onfinish	finishイベントの関数の設定を行う。

10 Animationオブジェクトのメソッド

メソッド	意味
.play()	アニメーションを再生もしくは再開。
.pause()	再生を一時停止。
.reverse()	アニメーションを逆再生。
.finish()	再生を終了。
.cancel()	すべてのキーフレームを消去し、再生を中断。

　次に例を示します**11** **12** **13** **14** **15**。2つのアニメーションを、.finishedのPromiseオブジェクトを使ってつなげます。そして、最後まで再生が終わったら、anim()関数を使い、頭から再生を再開します。

11 animate.html

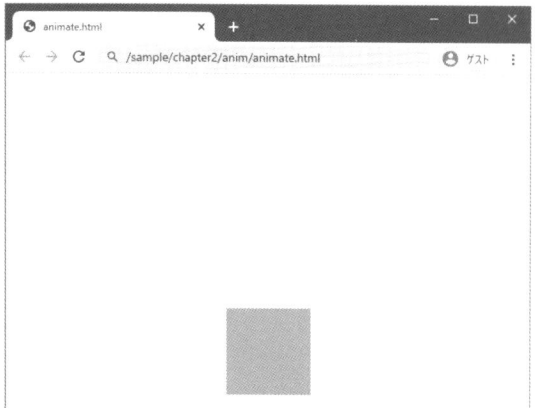

12 animate.html

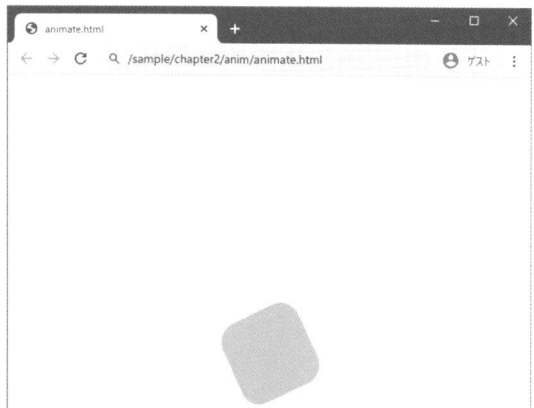

13 animate.html

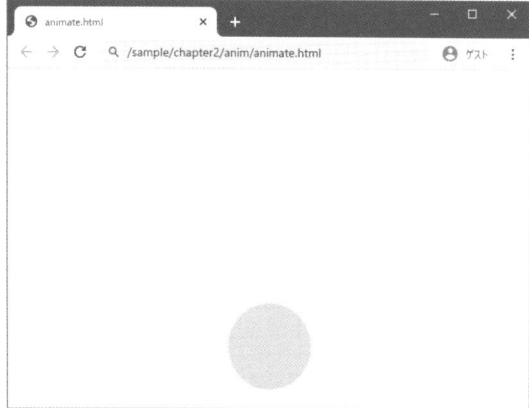

14 animate.html

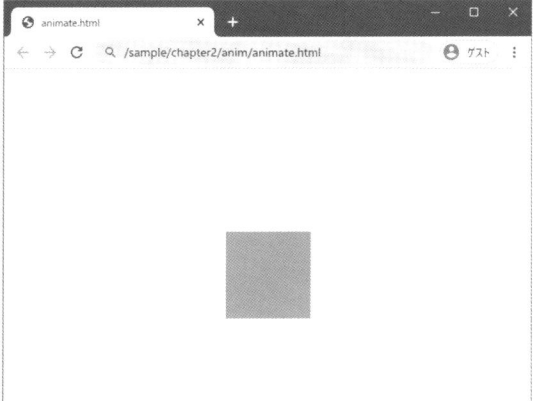

15 animate.html

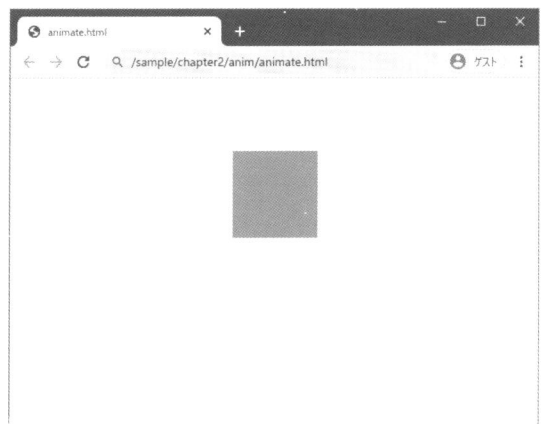

```
chapter2/anim/animate.html
```

```
01<!DOCTYPE html>
02<html lang="ja">
03  <head>
04    <meta charset="utf-8">
05    <style>
06#box {
07    width: 100px;
08    height: 100px;
09    position: fixed;
10    left: calc(50% - 50px);
11    top: 270px;
```

```
12      background: #faa;
13 }
14      </style>
15  </head>
16  <body>
17      <div id="box"></div>
18
19      <script>
20
21      // idがboxの要素を選択
22      const elBox = document.querySelector('#box')
23
24      // アニメーション関数
25      const anim = function() {
26          // 「四角,不透明→丸,半透明,回転→四角,不透明」のアニメーション
27          elBox.animate({
28              borderRadius: ['0px', '50px', '0px'],
29              opacity: [1, 0.5, 1],
30              transform: ['', 'rotate(720deg)', '']
31          }, 1500)   // 1500ミリ秒かけて変化
32          .finished
33          .then(() => {
34              // 「下,赤→上,青→上,青→下,赤」のアニメーション
35              return elBox.animate([
36                  { top: '270px', background: '#faa' },
37                  { top: '30px',  background: '#aaf' },
38                  { top: '30px',  background: '#aaf' },
39                  { top: '270px', background: '#faa' }
40              ], {
41                  delay: 250,        // 250ミリ秒遅らせて開始
42                  duration: 750,     // 750ミリ秒かけて変化
43                  easing: 'ease',    // 変化の種類はease
44                  endDelay: 250      // 250ミリ秒遅らせて終了
45              }).finished
46          })
47          .then(() => {
48              anim();   // アニメーション再実行
49          });
50      };
51
52      // アニメーション開始
53      anim();
```

MEMO

コード25行目の関数
の書き方については、
P.87を参照してくださ
い。

```
54
55    </script>
56  </body>
57</html>
```

　最初のアニメーションは、第1引数にオブジェクトを指定して、第2引数にミリ秒の時間を指定する方法で書いています。アニメーションの内容は、四角形で不透明の状態から、丸くなり半透明になり回転し、最後に四角形で不透明の状態に戻るというものです。

　.animate()の戻り値のAnimationオブジェクトの.finishedプロパティを使い、.then()で終了後の処理につなげています。

chapter2/anim/animate.html

```
27        elBox.animate({
28            borderRadius: ['0px', '50px', '0px'],
29            opacity: [1, 0.5, 1],
30            transform: ['', 'rotate(720deg)', '']
31        }, 1500)   // 1500ミリ秒かけて変化
32        .finished
33        .then(() => {
```

　2つ目のアニメーションは、第1引数に配列を指定して、第2引数に設定のオブジェクトを指定する方法で書いています。アニメーションの内容は、下にあった赤色の箱が上に移動して青色になり、一定時間停止したあと、もとの位置と色に戻ります。

　.animate()の戻り値のAnimationオブジェクトの.finishedプロパティを使い、.then()で終了後の処理につなげます。終了後の処理では、anim()関数でアニメーションを再実行します。

chapter2/anim/animate.html

```
33        .then(() => {
34            // 「下,赤→上,青→上,青→下,赤」のアニメーション
35            return elBox.animate([
36                { top: '270px', background: '#faa' },
37                { top: '30px',  background: '#aaf' },
38                { top: '30px',  background: '#aaf' },
```

```
39                 { top: '270px', background: '#faa' }
40           ], {
41               delay: 250,        // 250ミリ秒遅らせて開始
42               duration: 750,     // 750ミリ秒かけて変化
43               easing: 'ease',    // 変化の種類はease
44               endDelay: 250      // 250ミリ秒遅らせて終了
45           }).finished
46       })
47     .then(() => {
48           anim();   // アニメーション再実行
49       });
```

現場向け応用知識

Google Chromeの開発者ツールを使いこなす

01

Google Chromeには、非常に強力な開発者ツールが備わっています。この機能を使いこなせば開発を効率的に進められます。ここではその機能の中で、よく使うものを紹介していきます。

▼ Google Chromeの開発者ツール

　Google Chromeの**開発者ツール**は、非常に多機能です。CHAPTER 0で少し触れましたが、ここでは開発者ツールについて掘り下げて説明します。P.13で紹介した開発者ツールを開く方法を確認してください。ショートカットキーを使う方法（Windowsは Ctrl + Shift + I 、Macは Cmd + Opt + I ）が簡単でおすすめです。

　また、公式の解説ページも確認してください。Google Chromeの開発者ツールは、頻繁に改良されています。新しい機能が増えることも多いので、知らない機能を見かけたらドキュメントを確認するとよいです。

Chrome DevTools | Google Developers
https://developers.google.com/web/tools/chrome-devtools?hl=ja

　それでは開発者ツールの各タブについて、使い方を紹介していきます。

▼ 「Console」タブ

　「Console」タブは、Webページのエラー情報や警告表情、JavaScriptのエラーや出力内容が表示されるところです。JavaScriptの開発でもっともよく使うタブです。このタブのいくつかの機能を紹介します。

履歴のクリア

　履歴のクリアについて説明します。コンソール領域の左上にある「Clear console」ボタン 🚫 をクリックすると、コンソールの表示を消せます 01 。

01 履歴のクリア

また、ショートカットキーの Ctrl + L でも消せます。右クリックメニューから「Clear console」を選んでもよいです。コンソールでclear()を実行する、あるいはJavaScriptのプログラム内でconsole.clear()を実行する方法もあります。

履歴の保持

履歴の保持について説明します。コンソール領域内の「Settings」ボタン🔧をクリックすると、設定パネルが開きます。そこで「Preserve log」にチェックを付けると、同じWebページで更新ボタンを押しても、履歴が消えずに残ります **02**。リロード時にコンソールの履歴を消したくないときに使うと便利です。

02 履歴の保持

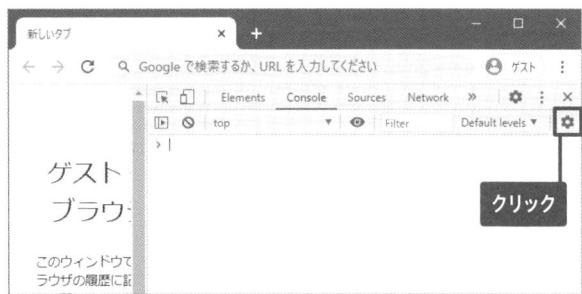

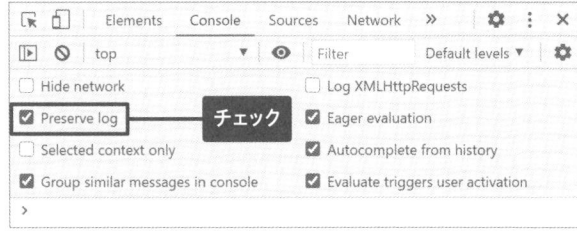

出力のフィルタリング

コンソールの出力を、文字列や正規表現、重要度でフィルタリングできます。
タブ領域の上部にある「Filter」と書かれた入力欄に文字列を入力すれば、
その文字列が含まれている出力のみを抽出できます **03**。/\d{4}/のようにス
ラッシュで囲んで正規表現リテラルで書くと、正規表現で抽出できます。

03 文字列のフィルタリング

「Default levels ▼」をクリックしてドロップダウンリストを開き、チェックを
切り換えると、表示する出力の重要度を選べます **04**。重要度には次の種類
があります **05**。また、それぞれ対応したconsoleの出力メソッドがあります。
これらを利用すると、どの情報をコンソールで確認するかを切り換えられます。

04 出力の重要度の切り替え

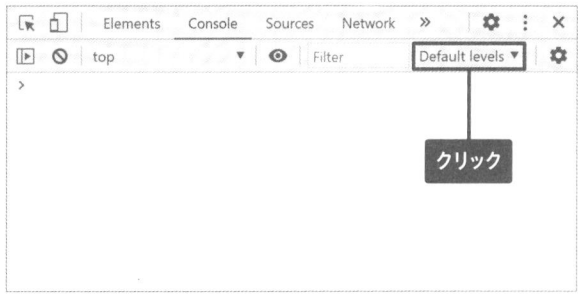

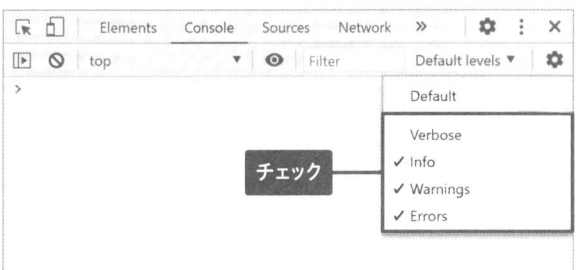

05 出力の重要度の種類

種類	メソッド
Verbose	console.debug()
Info	console.log()
Warnings	console.warn()
Errors	console.error()

テストの実行

　console.assert()を使えば、簡易的なテストを行えます。第1引数に条件式を書き、その条件がfalseとみなせるときに、Errorsレベルで第2引数のオブジェクトを出力します。

```
console.assert(条件式, オブジェクト)
```

　以下に例を示します。日付フォーマットから文字列を作る簡単なプログラムです。YYYYは年、YYは2桁の年、MMは2桁の月、Mは月、……といったように、Dateオブジェクトから文字列を作ります。

　第1引数と第2引数が同じかを判定するtestEqual()関数を作り、内部的にconsole.assert()で反映させています。また、日付フォーマットのdateFormat()関数が合っているかを判定するtestDateFormat()関数を用意して実行しています。

chapter3/console/assert.html

```
07      // 日付フォーマット
08      function dateFormat(txt, d) {
09          // 引数dが未指定なら現在の時刻でDateオブジェクトを作成
10          if (d === undefined) { d = new Date(); }
11
12          // 桁揃え用の関数
13          var dgt = (m, n) => `${m}`.padStart(n, '0').substr(-n);
14
15          // 置換用の配列を作成
16          var arr = [
17              {k: 'YYYY', v: d.getFullYear()}
18              ,{k: 'YY',   v: dgt(d.getFullYear(), 2)}
19              ,{k: 'MM',   v: dgt(d.getMonth() + 1, 2)}
20              ,{k: 'M',    v: d.getMonth() + 1}
```

```
21              ,{k: 'DD',    v: dgt(d.getDate(), 2)}
22              ,{k: 'D',     v: d.getDate()}
23              ,{k: 'hh',    v: dgt(d.getHours(), 2)}
24              ,{k: 'h',     v: d.getHours()}
25              ,{k: 'mm',    v: dgt(d.getMinutes(), 2)}
26              ,{k: 'm',     v: d.getMinutes()}
27              ,{k: 'ss',    v: dgt(d.getSeconds(), 2)}
28              ,{k: 's',     v: d.getSeconds()}
29              ,{k: 'iii',   v: dgt(d.getMilliseconds(), 3)}
30              ,{k: 'i',     v: d.getMilliseconds()}
31          ];
32
33          // 置換用の配列を使って、引数tの内容を置換する
34          arr.forEach(x => txt = txt.replace(x.k, x.v));
35
36          // 置換結果を戻す
37          return txt;
38      }
39
40      // テスト等値
41      function testEqual(a, b, obj) {
42          // assertを実行
43          console.assert(a === b, {a, b, obj});
44      }
45
46      // テスト日付フォーマット
47      function testDateFormat() {
48          // テスト用のDateオブジェクトを作成
49          let d = new Date('2030-06-09T01:02:03+09:00');
50          console.log(d);
51
52          // Dateオブジェクトからの変換が合っているか
53          testEqual(dateFormat('YYYY-MM-DD',   d), '2030-06-09',   {d});
54          testEqual(dateFormat('YY-M-D',        d), '30-6-9',        {d});
55          testEqual(dateFormat('hh:mm:ss.iii', d), '01:02:03.000', {d});
56
57          // 第2引数が空のときの処理が合っているか
58          d = new Date();
59          testEqual(dateFormat('YYYY-MM-DDThh:mm:ss.iii'),
60                    dateFormat('YYYY-MM-DDThh:mm:ss.iii', d), {d});
61      }
62
```

```
63         //  テスト日付フォーマットを実行
64         testDateFormat();
```

```
Sun Jun 09 2030 01:02:03 GMT+0900 （日本標準時）
```

　とくにプログラムが問題ないので、エラーは出力されません。そこで、プログラムの一部を変更します。dateFormat()の末尾のreturn txt;をreturn '@' + txt;に書き換えます。正しくない文字列を返すようにするわけです。するとconsole.assert()がエラーを出力します。

MEMO
console.assert()は、本来実行を中断することはありません。しかし、特定のOSやバージョンのGoogle Chromeで実行が止まることがあるかもしれません。

```
37              return '@' + txt;
```

Console

```
Sun Jun 09 2030 01:02:03 GMT+0900 （日本標準時）
Assertion failed:
    {
        a: "@2030-06-09"
        b: "2030-06-09"
        obj: {d: Sun Jun 09 2030 01:02:03 GMT+0900 （日本標準時）}
    }
    testEqual        @ assert.html:43
    testDateFormat @ assert.html:53
    (anonymous)      @ assert.html:64
Assertion failed:
    {
        a: "@30-6-9"
        b: "30-6-9"
        obj: {d: Sun Jun 09 2030 01:02:03 GMT+0900 （日本標準時）}
    }
    testEqual        @ assert.html:43
    testDateFormat @ assert.html:54
    (anonymous)      @ assert.html:64
Assertion failed:
    {
        a: "@01:02:03.000"
        b: "01:02:03.000"
        obj: {d: Sun Jun 09 2030 01:02:03 GMT+0900 （日本標準時）}
    }
    testEqual        @ assert.html:43
```

```
testDateFormat @ assert.html:55
(anonymous)    @ assert.html:64
```

　いったんもとの状態に戻し、今度はdateFormat()の先頭のnew Date();をnew Date(0);に書き換えます。するとconsole.assert()が違うエラーを出力します。第2引数を指定していないときに、現在の日付でDateオブジェクトを初期化する処理が、現在ではなく基準日時で初期化されるようになったためです。

```
10        if (d === undefined) { d = new Date(0); }
```

`Console`

```
Sun Jun 09 2030 01:02:03 GMT+0900 （日本標準時）
Assertion failed:
    {
        a: "1970-01-01T09:00:00.000"
        b: "2020-10-04T18:05:25.024"
        obj: {d: Sun Oct 04 2020 18:05:25 GMT+0900 （日本標準時）}
    }
    testEqual       @ assert.html:43
    testDateFormat @ assert.html:59
    (anonymous)     @ assert.html:64
```

　関数を作ったときは、テストを行う関数も同時に作るとよいです。正しい結果を戻しているかだけでなく、あらかじめバグが起きそうな入力値を設定しておくことで、仕様どおりに動作しているかも確かめられます。また、関数を書き換えたときの確認作業が楽になり、バグを混入させてしまう危険を減らせます。

　さらに本格的なテストを行いたいときは、専用のテストフレームワークを使うとよいです。現在多く使われているJavaScriptのフレームワークをいくつか紹介しておきます。

Jest・快適なJavaScriptのテスト
https://jestjs.io/ja/

Getting Started | Jest
https://jestjs.io/docs/ja/getting-started.html

Mocha - the fun, simple, flexible JavaScript test framework
https://mochajs.org/

consoleのさまざまなメソッド

consoleには、出力レベルに応じたメソッド以外にも便利なメソッドが用意されています。それらをいくつか紹介します 06 。

06 consoleの便利なメソッド

メソッド	意味
.count([s])	呼び出すたびに1、2、3とカウントしていく。ラベルsを付けると、同じラベルで呼び出すたびにカウントする。
.countReset([s])	カウントをリセットする。ラベルsを付けるとそのラベルのカウントをリセットする。
.time([s])	呼び出すとタイマーを開始する。ラベルsを付けると、同じラベルで操作するタイマーを開始する。
.timeEnd([s])	タイマーを停止して経過時間を出力する。ラベルsを付けると、同じラベルのタイマーを操作する。
.trace()	スタックトレース（関数呼び出しの階層構造と、ファイル名、行数）を出力する。
.dir(o)	オブジェクトoをツリー構造で出力する。
.table(a)	配列aをテーブル表示で出力する。

以下に例を示します。まずは.count()と.countReset()です。デフォルトの場合と、ラベルdogの場合を比べられるようにしています。

`chapter3/console/count.html`

```
07    //  カウント開始
08    console.log('--- countStart ---');
09    console.count();
10    console.count();
11    console.count('dog');
12    console.count('dog');
13    console.count();
14    console.count();
15
16    //  デフォルトのカウントをリセット
17    console.log('--- countReset default ---');
18    console.countReset();
19    console.count();
20    console.count('dog');
```

```
21
22     //  ラベルdogのカウントをリセット
23     console.log('--- countReset dog ---');
24     console.countReset('dog');
25     console.count();
26     console.count('dog');
```

`Console`

```
--- countStart ---
default: 1
default: 2
dog: 1
dog: 2
default: 3
default: 4
--- countReset default ---
default: 1
dog: 3
--- countReset dog ---
default: 2
dog: 1
```

　次は.time()と.timeEnd()の例を示します。デフォルトの場合と、ラベルdogの場合を比べられるようにしています。開始時間から一定時間を置かないといけないので、時間のかかる処理をあいだに入れています。

`chapter3/console/time.html`

```
07     //  タイム開始
08     console.log('--- timeStart ---');
09     console.time();
10     console.time('dog');
11
12     //  時間のかかる処理
13     for (let i = 0; i < 1000; i ++) {
14         const s = '文字列'.repeat(i).replace(/./g, '*');
15     }
16
17     //  タイム終了
18     console.log('--- timeEnd default ---');
```

```
19    console.timeEnd();
20
21    // 時間のかかる処理
22    for (let i = 0; i < 1000; i ++) {
23        const s = '文字列'.repeat(i).replace(/./g, '*');
24    }
25
26    // ラベルdogのタイム終了
27    console.log('--- timeEnd default ---');
28    console.timeEnd('dog');
```

Console

```
--- timeStart ---
--- timeEnd default ---
default: 56.402099609375 ms
--- timeEnd default ---
dog: 107.72607421875 ms
```

次は.trace()の例を示します。入れ子で呼び出した関数のそれぞれのファイル名と行数が表示されます。エラーが発生したときとは違い、処理が止まることはありません。

chapter3/console/trace.html

```
07    // 関数1
08    function fnc1() {
09        console.trace();
10    }
11
12    // 関数2
13    function fnc2() {
14        fnc1();
15    }
16
17    // 関数3
18    function fnc3() {
19        fnc2();
20    }
21
22    console.log('開始');
```

```
23      fnc3();
24      console.log('終了');
```

`Console`

```
開始
console.trace
    fnc1 @ trace.html:9
    fnc2 @ trace.html:14
    fnc3 @ trace.html:19
    (anonymous) @ trace.html:23
終了
```

MEMO

うまく左のように出力されない場合は、リロードしてください。

次は.dir()の例を示します **07** 。自分で作ったオブジェクトと、documentを出力します。

`chapter3/console/dir.html`

```
07      // オブジェクト
08      const obj = {
09          cat: {name: 'タマ', age: 3},
10          dog: {name: 'ポチ', age: 4}
11      };
12
13      // 出力
14      console.dir(obj);
15      console.dir(document);
```

07 dir.html

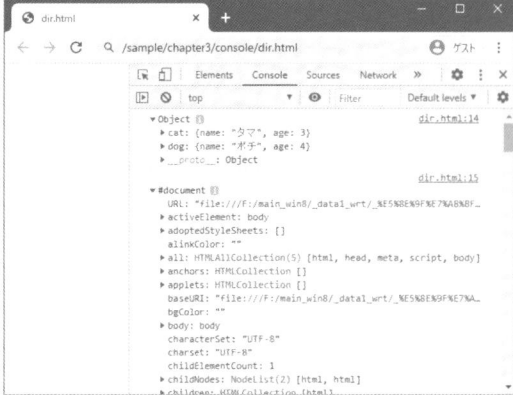

次は.table()の例を示します **08**。「数値の配列」「オブジェクトを並べた配列」「入れ子になった2次元の配列」を表示します。オブジェクトを並べた配列では、プロパティ名がテーブルの見出しになります。

`chapter3/console/table.html`

```
07      // 配列
08      const arr1 = [1, 2, 3];
09      const arr2 = [
10          {type: 'cat', name: 'タマ', age: 3},
11          {type: 'dog', name: 'ポチ', age: 4}
12      ];
13      const arr3 = [
14          [1, 2, 3, 4, 5],
15          [6, 7, 8, 9, 10]
16      ];
17
18      // 出力
19      console.table(arr1);
20      console.table(arr2);
21      console.table(arr3);
```

08 table.html

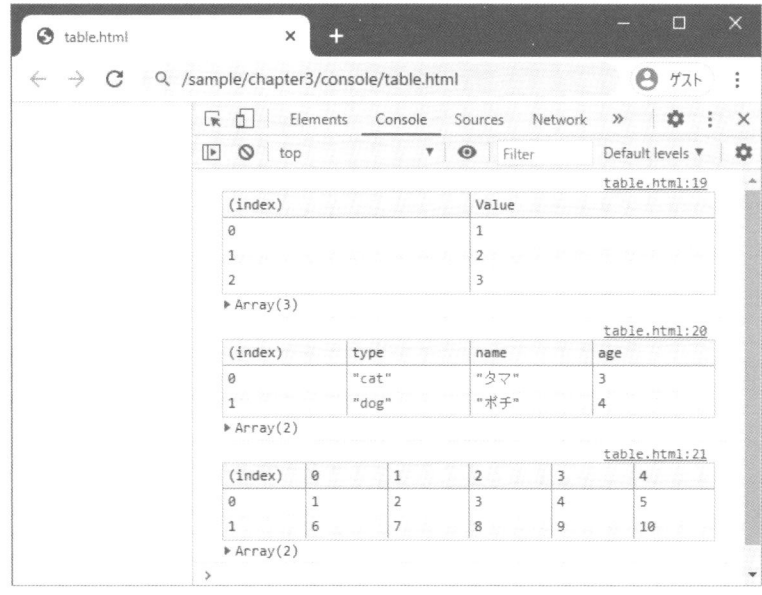

MEMO
うまく左のように出力されない場合は、リロードしてください。

JavaScriptの実行

コンソールでは直接JavaScriptを実行できます。コンソールでは、最後に書いた変数の値が、結果として出力されます。そのため、わざわざconsole.log()を書かなくても、1行のプログラムならそのまま値を得られます。

また、コンソール内だけで使える特殊なユーティリティもあります。その中でも、知っておくと便利な関数を紹介しておきます **09**。Webページを見ていて、コンソールで簡単なプログラムを実行したいときに短く書くことができます。

09 コンソール内だけで使える便利な関数

関数	意味
$(selector)	document.querySelector()のショートカット。
$$(selector)	document.querySelectorAll()のショートカット。

Live Expressions

コンソール領域上部の「Create live expression」ボタン◉をクリックすると、「Expression」というパネルが表示されます。ここにJavaScriptのプログラムや変数を書くと、リアルタイムに内容を変更して、結果を表示してくれます **10**。常時監視したい情報があるときは、この機能を使うとよいです。

10 Live Expressions

「Elements」タブ

「Elements」タブでは、DOMの要素のツリー構造と、各要素のスタイル設定を確認できます。表示サイズも確かめられます。

このタブを開いているときに、DOMのツリーの上にマウスポインターを乗せると、対応するWebページ上の表示部分の色が変わり、サイズが表示されます。Webページ側で要素を右クリックして「検証」をクリックすると、対応するツリー部分に移動します。

ツリーを右クリックしてメニューを表示すると、一時的に要素を隠したり、削除したり、コピーしたり、書き換えたりできます。

また、Elements領域内にはいくつかのタブがあります。「Styles」タブでは、スタイルの設定をダブルクリックすることで変更できます **11**。「Event Listners」タブでは、要素のイベントに登録した関数がある場所に飛ぶことができます **12**。

11 「Elements」タブの「Styles」タブ

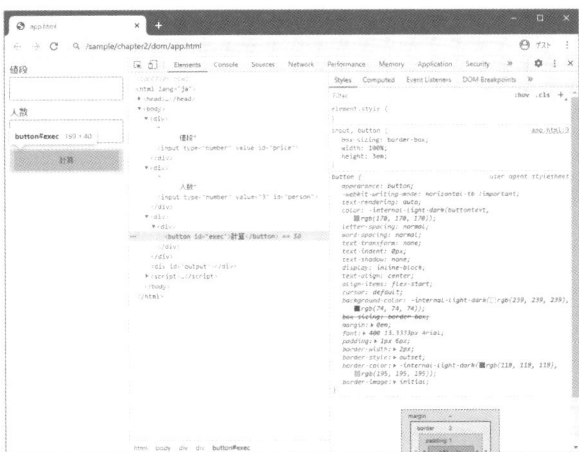

12 「Elements」タブの「Event Listners」タブ

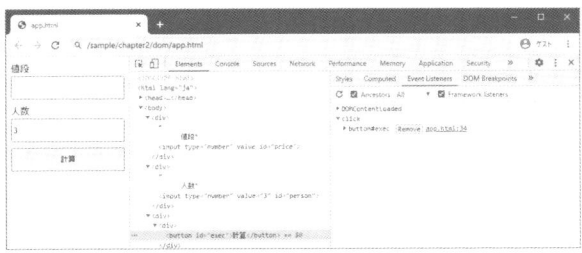

▼「Souces」タブ

「Souces」タブでは、ファイルの内容を確認したり、JavaScript実行のデバッグを行ったりできます 13 。この領域にあるNavigatorパネルには、HTMLファイルやJavaScriptファイルなどが、読み込み元ごとにまとまっています。このファイルをクリックすると、ファイルの中身が表示されます。「Console」タブで、ファイル名と行数のリンクをクリックしたときに飛ぶ先は、この場所です。

13「Souces」タブ

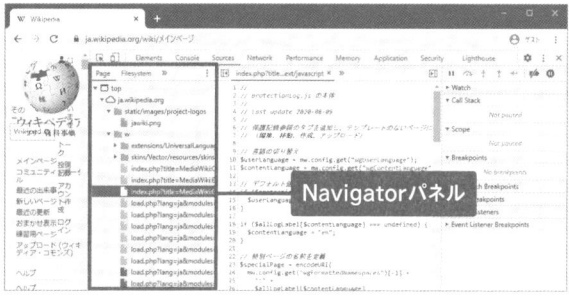

改行とインデントの追加

ソースコードの改行が取り除かれて読みにくいときは、「Pretty-print」ボタン { } をクリックします 14 。コードを読みやすく改行して、インデントも付けてくれます 15 。

14「Souces」タブの「Pretty-print」ボタン

15 Pretty-print適用後

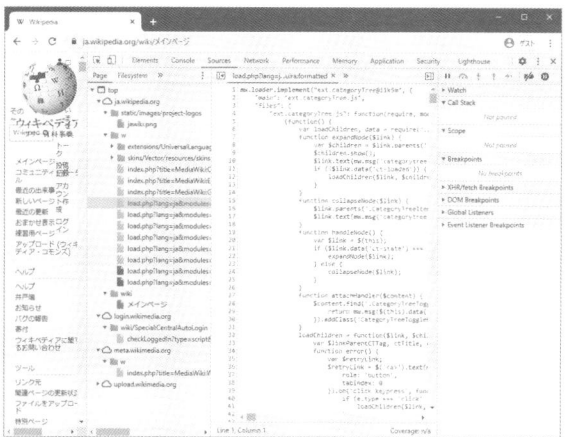

ブレークポイントの利用

「Souces」タブには、Debuggerパネルがあります。Debuggerを使うと、JavaScriptの実行を一時停止して変数の中身を確かめながら、処理を進められます。開いたファイルの行数をクリックすると青い背景に変わり、ブレークポイントが設定されます**16**。もう一度クリックするとブレークポイントが解除されます。

16 ブレークポイントの設定

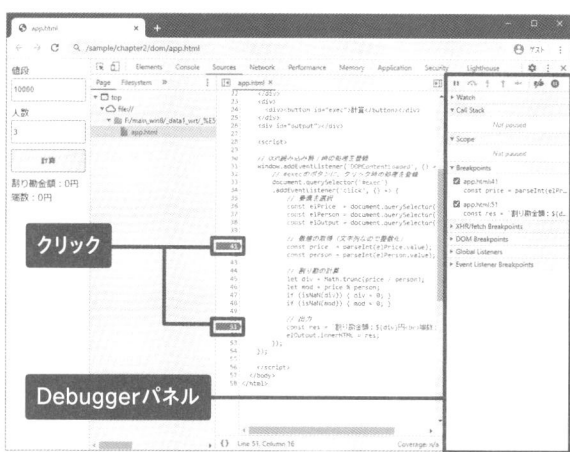

JavaScriptの制御がブレークポイントの行にきたら、処理は一時停止します。一時停止したときに、Debuggerパネル内の「Scope」を見れば、「Local」と書かれた場所にローカル変数の値が、「Global」と書かれた場所にグローバル変数の値が表示されます。また、ソースコードの変数の上にマウ

スポインターを乗せると、値を見ることができます 17 。

17 変数の値の確認

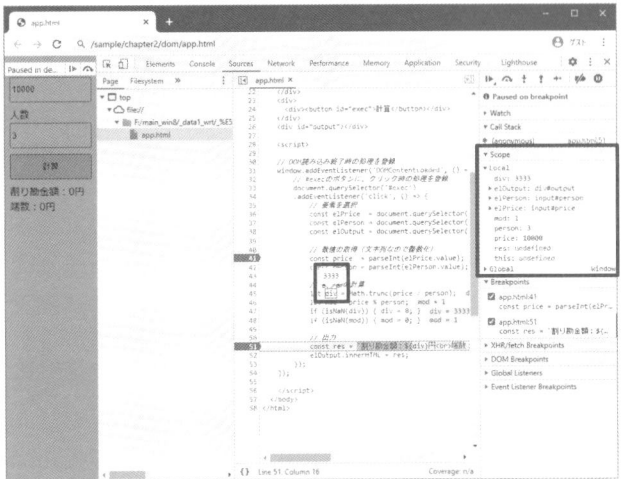

　実行を再開したいときはDebuggerの「Resume script execution」ボタン ▶ をクリックします 18 。あるいはショートカットキーの F8 や、 Ctrl + \ を押すことでも処理を再開できます。

　1行ずつ処理を進めたいときは、「Step over next function call」ボタン をクリックします。あるいはショートカットキーの F10 や、 Ctrl + . を押すことでも1行ずつ処理を進められます。

18 実行の再開

「Network」タブ

「Network」タブを使えば、Webページのファイルが、どの順番とタイミングで、どれぐらい時間がかかって読み込まれたのかが確認できます。また正常に読み込めたのかも確かめられます。このNetworkタブは、Webページ表示速度のボトルネックを調べるのに便利です **19**。

19 「Network」タブ

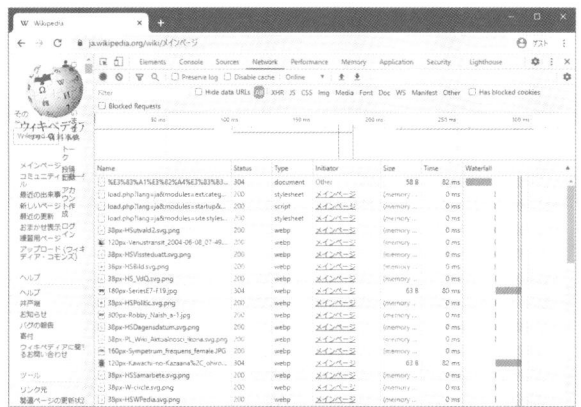

また、各ファイルをクリックすれば、Webページには表示されないリクエストヘッダー **20** やレスポンスヘッダー **21** などの情報を確かめられます。通信処理を行うときは、こうした情報を確認しながら開発を進めます。

20 「Network」タブのリクエストヘッダー

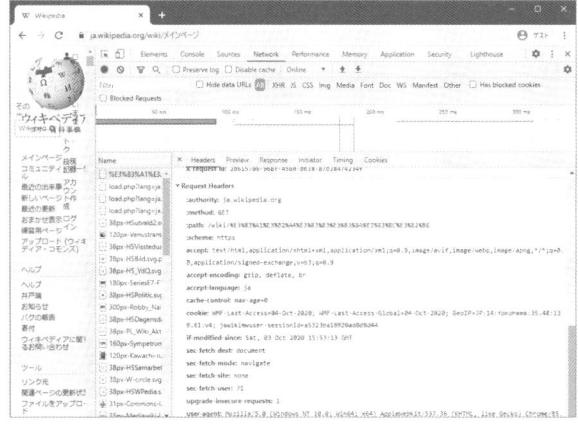

MEMO
通信内容を見ると、想定したとおりのやり取りができているかがわかります。

21 「Network」タブのレスポンスヘッダー

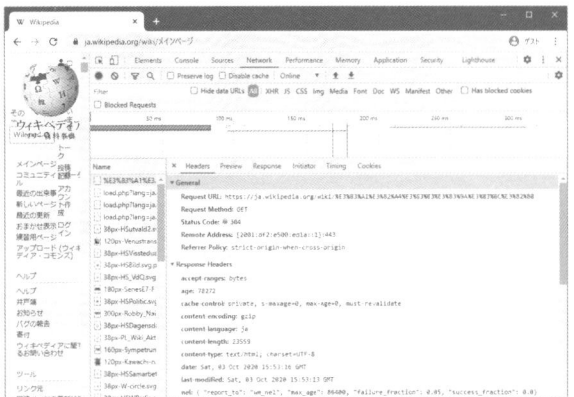

「Performance」タブ

　「Performance」タブでは、Webページの性能を分析できます **22**。
Performance領域左上の●をクリックすると、赤丸に変わり、記録が始まり
ます。もう一度クリックすると記録を停止して分析結果を表示します。あまり
長い時間記録すると、分析に時間がかかります。また、情報を見るのが大変
になるので、長くても数秒程度に留めるのがよいでしょう。

　上部の概要のグラフは、マウスでドラッグすると表示範囲を限定できます。
真ん中のフレームチャートには各種情報が表示されます。「Main」の項目を
見れば、CPUスタックトレースを確認できます。次々に呼び出される関数が、
どれぐらいの時間をかけて処理を行っているか確認できます。各項目をクリッ
クすれば、下部に詳細が表示されます。

22 「Performance」タブ

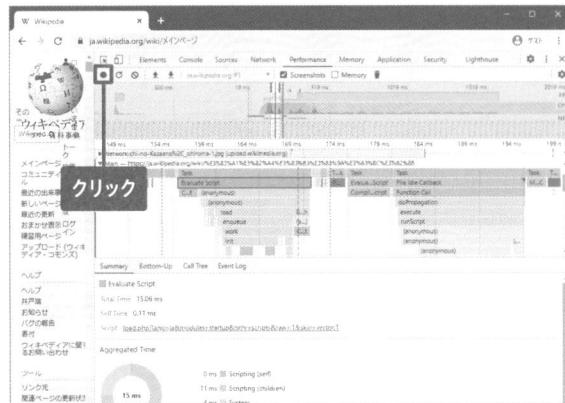

また「Memory」にチェックを付けると、使用しているメモリーがどのように変化しているかを確かめられます 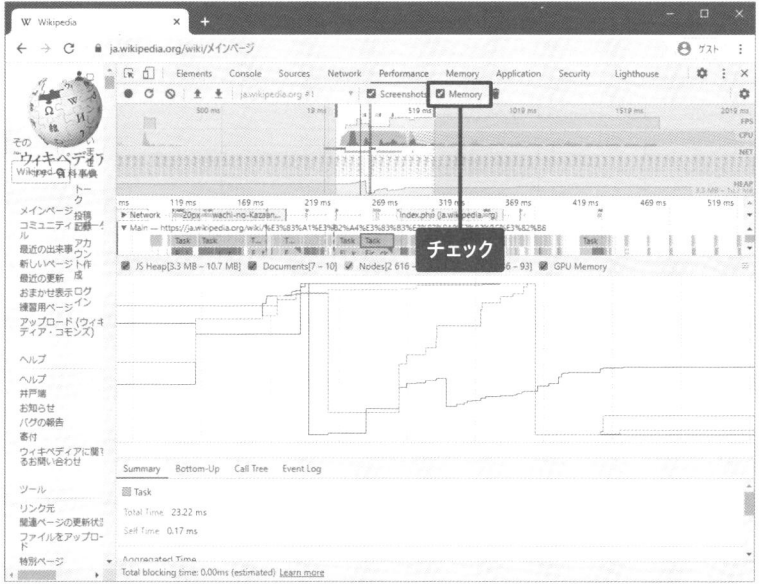23 。使用しているメモリーが、延々と増加しているようなら、何らかのバグがある可能性があります。

23 メモリーの確認

こうした情報を見ることで、処理のボトルネックがどこにあるのかを確かめて、速度を向上させます。1つの処理が時間の多くを消費していることがわかれば、その処理を改善して高速化したりします。

MEMO

単純なWebページの開発では、こうした解析は必要ないでしょう。Webアプリやゲームを開発する際には必要になってきます。

さまざまなJavaScriptの世界

02

JavaScriptはもともとWebブラウザ向けのプログラミング言語でした。しかし現在ではそれ以外の場所にも広がっています。そうしたJavaScriptの世界の広がりについて紹介します。

Node.js

Node.jsは、現在のJavaScriptで非常に大きな地位を占めています **01**。もともとNode.jsは、サーバーで使うJavaScript実行環境として開発されました。クライアント（Webブラウザ）側のプログラムだけでなく、サーバー側のプログラムもJavaScriptで書ければ、クライアント側もサーバー側も、1つのプログラミング言語で開発できて都合がよいです。

01 Node.jsのWebサイト

Node.js
https://nodejs.org/

　Node.jsは、2009年に登場しました。Node.jsは、Google Chromeで使われているJavaScriptエンジンのV8をベースに開発されています。ネットワークの機能やファイル操作の機能など、さまざまな基本機能が追加されています。こうした機能は、ドキュメントで確認できます。ドキュメントは、最新のものを見てください。古い機能がなくなったり、同じ関数でも仕様が微妙に変わったりします。

Index | Node.js v14.13.0 Documentation
https://nodejs.org/dist/latest/docs/api/

　Node.js向けのプログラムは、モジュールで機能を拡張できます。Node.jsには、**npm**というCUI（Character User Interface）のパッケージ管理システムが付属しており、モジュールを手軽にインストールできます。npmのWebサイトには、多くの開発者がモジュールを登録しており、利用できるようになっています **02**。

02 npmのWebサイト

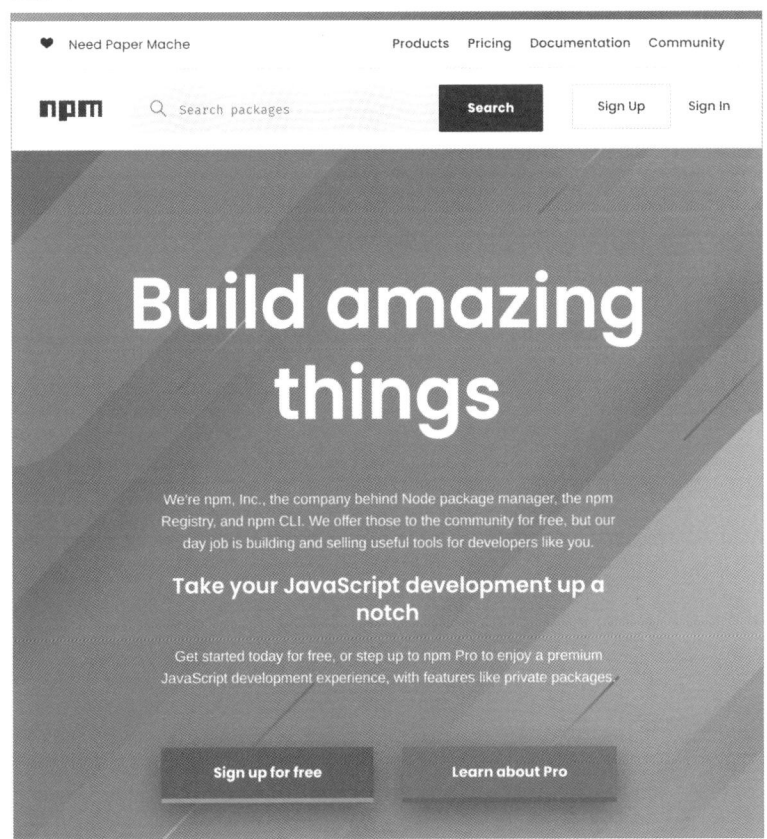

npm | build amazing things
https://www.npmjs.com/

　Node.jsは、現在ではパソコンのCUIアプリの開発環境としても利用されています。Web開発者がちょっとしたローカルの処理を書くのに便利だからです。わざわざ別のプログラミング言語を使わずに、いつもと同じJavaScriptでプログラムを書けるためです。

Electron、NW.js

　Node.jsは、サーバーのプログラムや、文字ベースのCUI（Character User Interface）アプリケーションを作成することに使える実行環境でした。JavaScriptには、それ以外にウィンドウやボタンが表示されるGUI（Graphical User Interface）アプリケーションを作る実行環境もあります。

　現在、よく使われるJavaScriptのGUIアプリケーション開発環境は2つあります。Electron 03 とNW.js 04 です。どちらも、ユーザーが操作するGUI部分にはChromiumを使い、ファイルアクセスなどの内部処理の部分にはNode.jsを使っています。Chromiumは、Google Chromeの基になるWebブラウザです。そのため、HTMLとCSSでユーザーインターフェース部分を作り、ローカルアプリケーションとしての処理をNode.jsを使って実現するという構成になっています。

MEMO
ElectronやNW.jsを使えば、Web開発の技術でパソコン向けのアプリケーションを開発できます。

03 ElectronのWebサイト

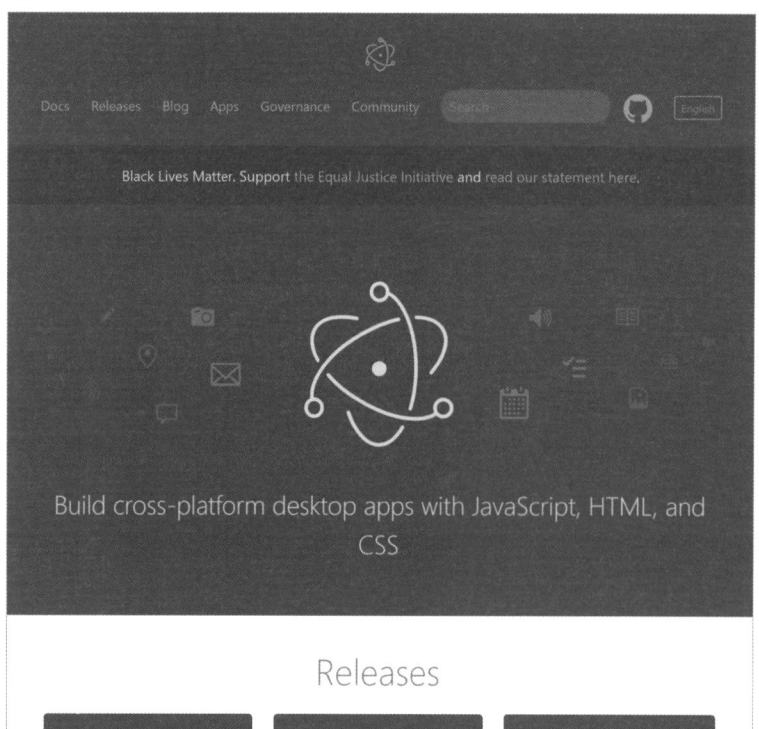

Electron | Build cross-platform desktop apps with JavaScript, HTML, and CSS.
https://www.electronjs.org/

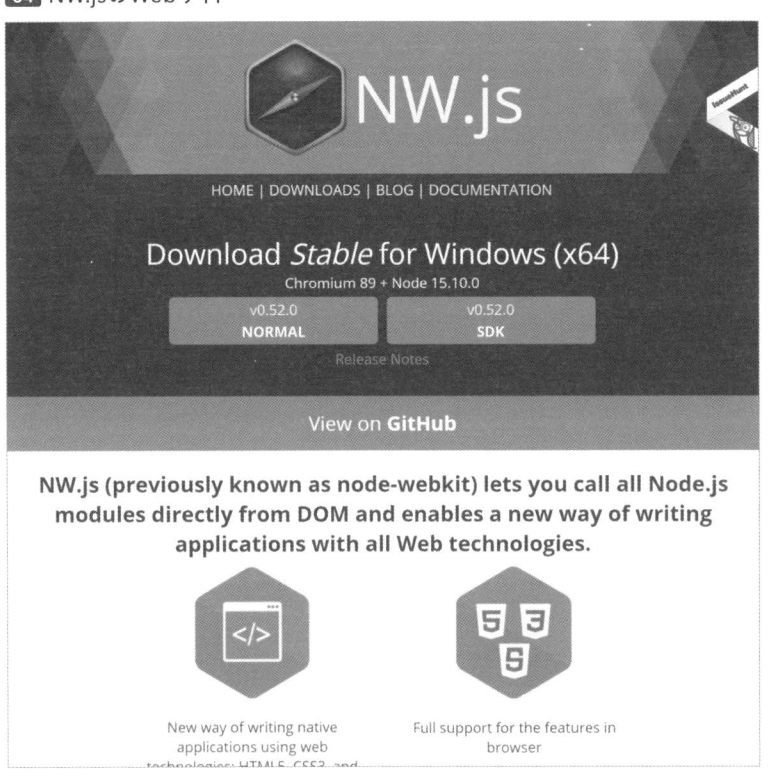

NW.js
https://nwjs.io/

　ElectronとNW.jsでは、NW.jsのほうが歴史は長いのですが、現在主流なのはElectronです。この2つの実行環境は開発思想が違います。Electronは、Node.jsのメインスレッドからChromiumのスレッドを立ち上げて、2つのスレッドで通信しながら処理をします。NW.jsは、ChromiumのJavaScriptのプログラムからNode.jsの機能を使って処理をします。

　Electronのほうがきっちりとしたプログラムを書けますが、必要なコード量は多いです。NW.jsは、簡単にプログラムを書けますが、大規模なプログラムを書くのには、あまり向いていません。一定の規模以上のアプリケーションを作り、継続的にメンテナンスしていく用途であればElectronを使うとよいでしょう。簡単なツールを作り、ファイル保存機能だけを持たせたいなら、NW.jsのほうが簡単にプログラムを書けます。

　Electronのほうが利用者は多いので、今後のメンテナンスなどを考えると、これから開発するアプリケーションならElectronを採用しておいたほうが無難かもしれません。Electronは、Visual Studio CodeやSlackなど、有名アプリケーションでも採用されています。

Puppeteer、Selenium

　Webページの開発をしていれば、テストのためにWebページの操作を自動化したいと考えるのは当然です。そうしたことを実現するためのツールがいくつかあります。

　ここでは、よく用いられているツールとして、**Puppeteer** `05` と **Selenium** `06` を紹介します。どちらもWebブラウザを操作して自動的に処理を行うためのツールですが、それぞれ特徴が違います。

`05` PuppeteerのWebサイト

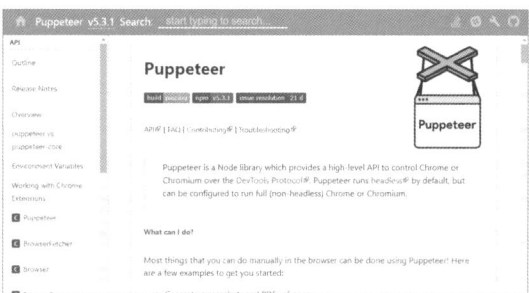

Puppeteer v5.3.1
https://pptr.dev/

puppeteer/puppeteer : Headless Chrome Node.js API | GitHub
https://github.com/puppeteer/puppeteer

`06` SeleniumのWebサイト

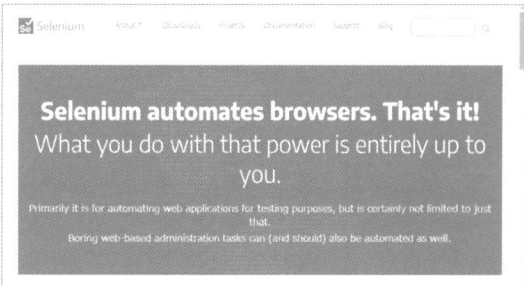

SeleniumHQ Browser Automation
https://www.selenium.dev/

SeleniumHQ/selenium : A browser automation framework and ecosystem. | GitHub
https://github.com/SeleniumHQ/selenium

Puppeteerは、Chrome DevToolsチームがメンテナンスしています。通常はChromium（Google Chromeの基になるブラウザ）が同梱されており、ウィンドウ表示なしのヘッドレス状態で操作できます。

また、Chromiumが同梱されていないバージョンを使い、パソコンにインストール済みのGoogle Chromeを操作して実行することもできます。Puppeteerは、Node.jsのモジュールとして提供されています。そのため、JavaScriptで開発を行います。

Seleniumは、ThoughtWorks社が開発を始め、その後オープンソース化されました。Seleniumは多くのWebブラウザを操作できます。そして、JavaScript、Java、Python、C#、Rubyなど、さまざまなプログラミング言語で利用できます。より多くのWebブラウザでユーザーインターフェースのテストを行いたいときは、PuppeteerではなくSeleniumを使うことになるでしょう。

MEMO
ウィンドウを表示することもできます。

その他のキーワード

Web開発の世界では、流行の移り変わりが早いです。それは活発に開発が続けられており、さまざまな問題解決を行う新しい手法が誕生しているからです。ここでは近年の動向を知るための、いくつかのキーワードを紹介します。

GitHub

JavaScriptの知識ではないですが、近年のプログラミングでは避けて通れないWebサイトです。GitHubは、ソフトウェア開発のプラットフォームであり、ソースコードをホスティングするサービスです **07**。JavaScriptのライブラリやフレームワークの多くが、このWebサイトにソースコードを置き、ドキュメントを掲載して配布を行っています。

07 GitHubのWebサイト

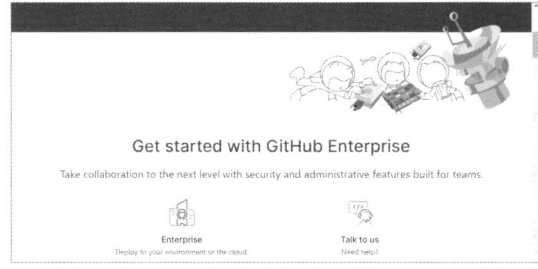

GitHub
https://github.com/

TypeScript

JavaScriptで開発をしていると、必ずといってよいほど目にするプログラミング言語です。TypeScriptは、JavaScriptを拡張して、静的型付けとクラスベースオブジェクト指向を加えたプログラミング言語です 。多くの場合、そのメリットとして静的型付けが最大の恩恵として挙げられます。TypeScriptは、Microsoftが開発、メンテナンスしています。

JavaScriptのプログラミングでは、変数に値を代入するときなどに、型の制限がありません。何の型の値を入れても大丈夫です。しかし大規模な開発を行うと、意図しない形で、別の型の値が入り、エラーを引き起こす原因になります。そのため、型を定義して値を扱うTypeScriptを採用することが、よくあります。

JavaScriptのライブラリの中には、TypeScriptで書いて、JavaScriptに変換しているものもあります。そのため、コードを読もうと思ったら、中身がJavaScriptではなくTypeScriptで書いてある、ということがあるので存在を覚えておいたほうがよいです。

08 TypeScriptのWebサイト

TypeScript: Typed JavaScript at Any Scale.
https://www.typescriptlang.org/

React

　Webサイトを作るときに使われます。Facebookを中心としたコミュニティが開発している、UI部品を作るためのライブラリです 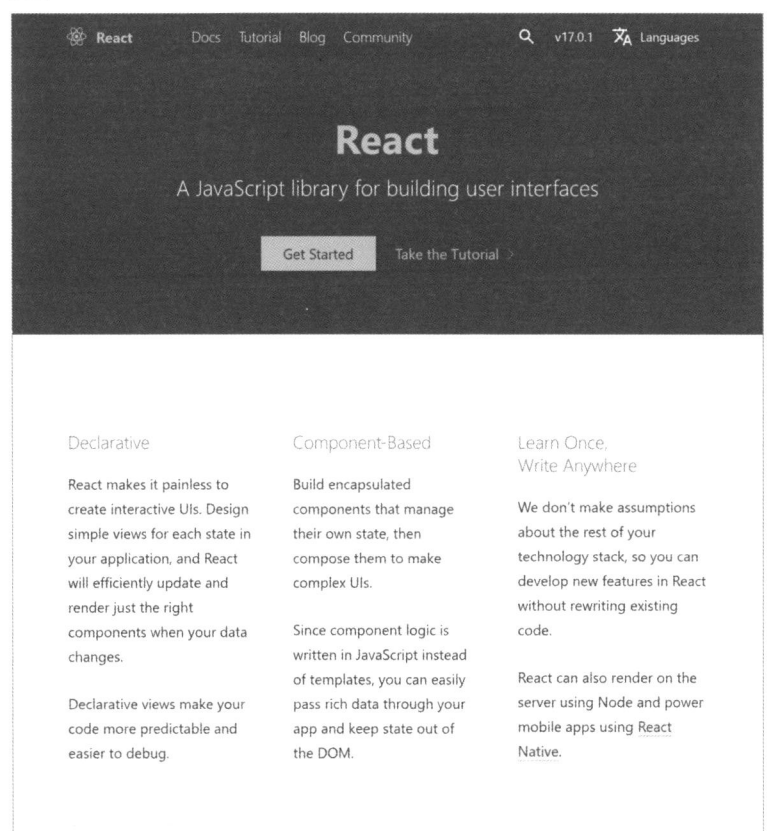。仮想DOMと呼ばれる、Webブラウザを経由しない独自DOMを使い、高速に動作します。また、JSXと呼ばれる、HTMLタグをJavaScript内に埋め込む記法を使い、部品を表現します。

　Reactは非常に人気があり、世界的に勢いがあります。React、Angular、Vue.jsで比較されることが多いです。また、2019年に登場した、Reactのコード量を大幅に減らせるReact Hooksにより、人気に拍車がかかっています。

09 ReactのWebサイト

React – A JavaScript library for building user interfaces
https://reactjs.org/

facebook/react : A declarative, efficient, and flexible JavaScript library for building user interfaces. | GitHub
https://github.com/facebook/react

Angular

Googleを中心としたコミュニティが開発しているフロントエンド開発のためのフレームワークです **10**。SPA (Single Page Application) の開発に向いています。AngularはTypeScriptベースです。フルスタック（全部乗せ）なフレームワークで、Webアプリケーションの開発に必要なほぼすべての機能をサポートしています。

10 AngularのWebサイト

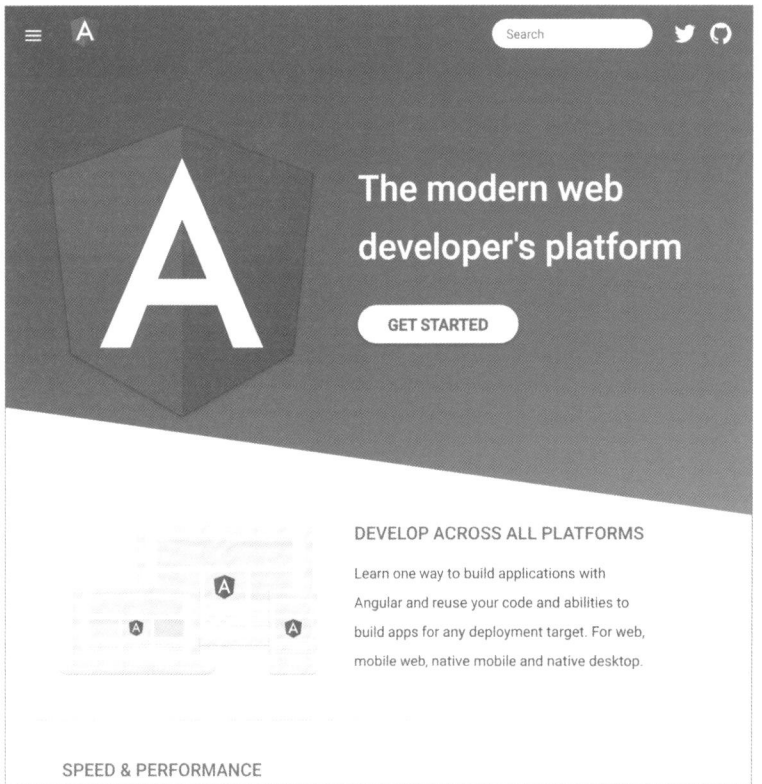

Angular
https://angular.io/

angular/angular : One framework. Mobile & desktop. | GitHub
https://github.com/angular/angular

Vue.js

Webアプリケーションのユーザーインターフェースを構築するためのJavaScriptフレームワークです **11**。React、Angular、Vue.jsの3種類の中では、学習コストがもっとも低いです。そのため手軽に導入できます。

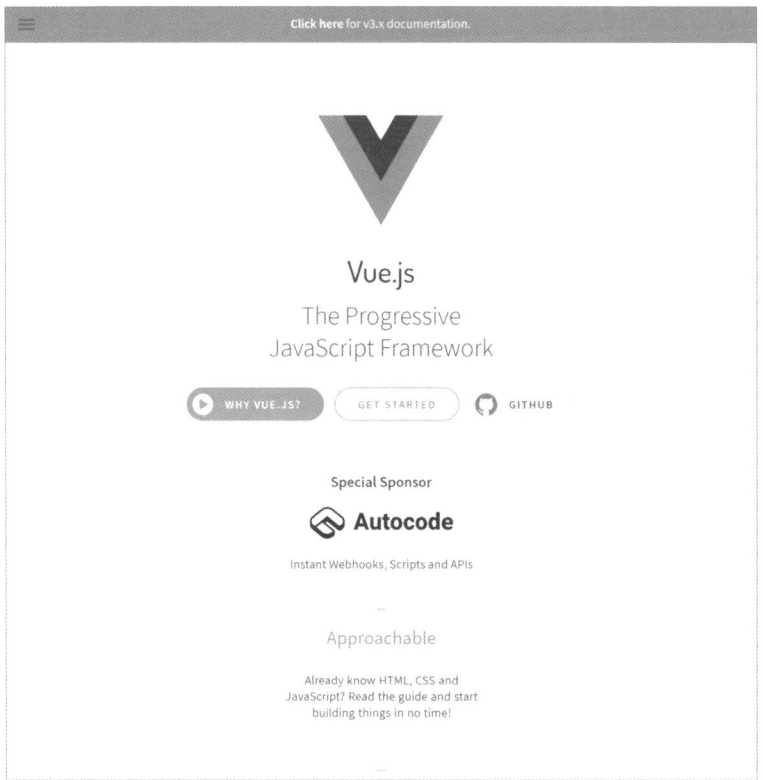

Vue.js
https://vuejs.org/

Vue.js（日本語サイト）
https://jp.vuejs.org/index.html

vuejs/vue : Vue.js is a progressive, incrementally-adoptable JavaScript framework for building UI on the web. | GitHub
https://github.com/vuejs/vue

jQuery

　jQueryが登場したのは2006年です。2013年登場のReact、2016年登場のAngular（前身のAngularJSは2009年）、2014年登場のVue.jsと比べると、古い時代のライブラリです。jQueryは非常に多くのWebサイトで利用されており、jQueryの機能を拡張するライブラリも大量にあります 12 。

　jQueryの多くの機能は、ES6（ES2015）で代替する機能が導入されました。そのため、以前よりは影が薄くなっています。しかし、Webページにちょっとした機能を追加したいという目的なら、jQueryとそのライブラリを導入するのが最適解になることは多いです。

12 jQueryのWebサイト

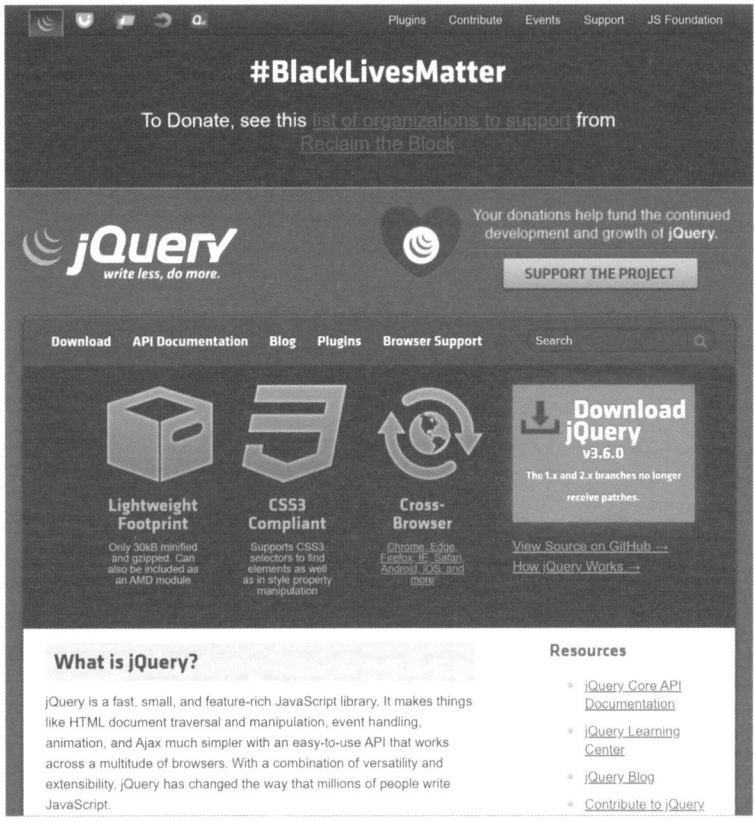

jQuery
https://jquery.com/

jquery/jquery : jQuery JavaScript Library | GitHub
https://github.com/jquery/jquery

Stack Overflow

　プログラミング関係の知識共有サービスです。大量のQ&Aが掲載されており、多くの質問と解決方法を見つけることができます **13**。JavaScript関係の情報はとくに多く、有名なライブラリやフレームワークについて疑問点があれば、多くの場合、このWebサイトで解決方法を発見できます。Web検索で、エラーや解決方法を探していると、このWebサイトにたどり着くことが多いです。

　日本語サイトもありますがQ&Aの数が少ないです。大本の英語サイトを見てください。解答は、たいていコードが掲載されているので、英語が苦手でもあまり問題にはなりません。また、Google Chromeの翻訳機能を使って文章部分を読んでもよいでしょう。

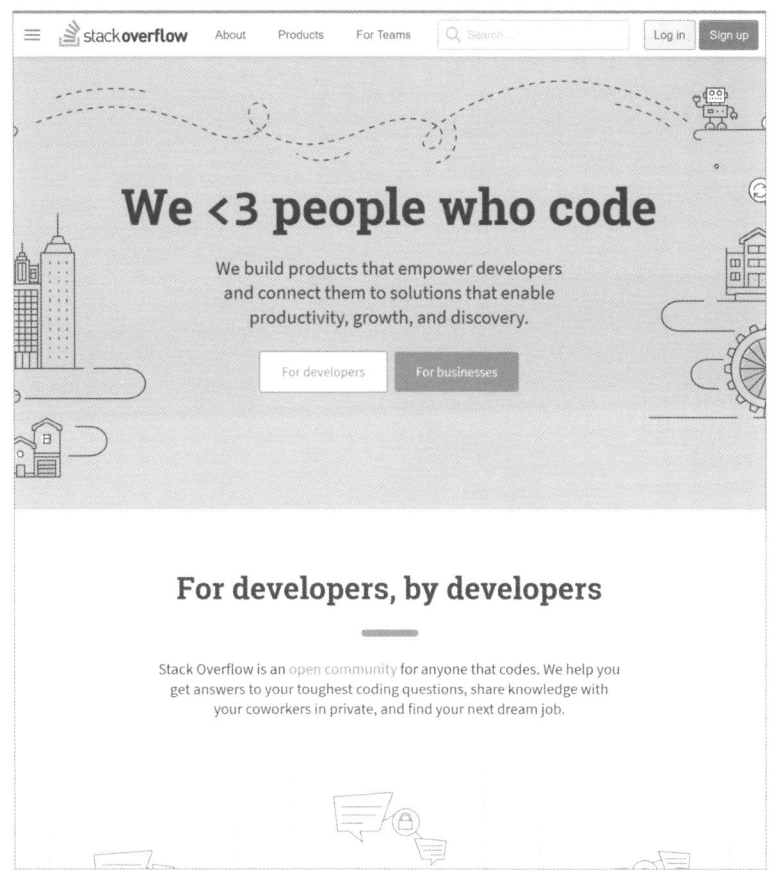

Stack Overflow - Where Developers Learn, Share, & Build Careers
https://stackoverflow.com/

▼ 開発に便利なライブラリ

　特定の機能を、短いコードで便利に使いたいということは多いです。「JavaScript ライブラリ」などのキーワードでWeb検索をすると、こうしたライブラリをまとめて紹介しているWebページを多数見つけることができます。Webサイトを彩るさまざまな部品、たとえば、ロード画面、スライド表示、メニュー、カレンダー、ダイアログ、テーブル、パララックスといった機能のライブラリも多数見つかります。クライアントの要望に応じて、必要なライブラリを導入していくとよいでしょう。

　次に、そうしたライブラリの中でも、とくに有名で高機能なものを中心に紹介します。

CHAPTER 3

現場向け応用知識

Bootstrap

　Webサイトの見た目を整えてくれるJavaScriptやCSSのフロントエンドライブラリです 14 。短時間でWebサイトの見た目をよくしたいときに有用です。多くのフロントエンドライブラリが、Bootstrapとの比較で語られることが多いので、一度見ておいて損はないです。

14 BootstrapのWebサイト

Bootstrap・世界で最も人気のあるフロントエンドフレームワーク
https://getbootstrap.jp/

jQuery UI

　jQueryの拡張ライブラリです 15 。ユーザーインターフェース（UI）に関わる機能を拡張してくれます。ドラッグアンドドロップや、メニュー、ダイアログなど、さまざまなUI部品を必要に応じて利用できます。また、エフェクトも豊富に用意されています。

15 jQuery UIのWebサイト

jQuery UI
https://jqueryui.com/

D3.js

データビジュアライズ系の定番ライブラリです。高品質のグラフを、短いコードで描画することができます。ExamplesのWebページを見ると、どのようなグラフを描けるか確かめられます。非常に高機能なライブラリです。

16 D3.jsのWebサイト

D3.js - Data-Driven Documents
https://d3js.org/

Chart.js

グラフを描いてくれるライブラリです**17**。D3.jsと比べて、グラフの描画に集中している分、シンプルです。SamplesのWebページを見ると、どのようなグラフを描けるか確かめられます。

17 Chart.jsのWebサイト

Chart.js | Open source HTML5 Charts for your website
https://www.chartjs.org/

INDEX

INDEX

著者紹介

やない まさかず
柳井 政和

　クロノス・クラウン合同会社の代表社員。『マンガでわかるJavaScript』『プログラマのためのコードパズル』など、技術書執筆多数。ゲームやアプリの開発、プログラミング系技術書や記事、マンガ、小説の執筆を行う。

　2001年オンラインソフト大賞に入賞した『めもりーくりーなー』は、累計500万ダウンロード以上。2016年、第23回松本清張賞応募作『バックドア』が最終候補となり、改題した『裏切りのプログラム　ハッカー探偵 鹿敷堂桂馬』にて文藝春秋から小説家デビュー。新潮社『レトロゲームファクトリー』など。

制作スタッフ

装丁・本文デザイン　　赤松由香里（MdN Design）
カバーイラスト　　　　武政 諒
編集・DTP　　　　　　リンクアップ

編集長　　　　　　　　後藤憲司
担当編集　　　　　　　後藤孝太郎、大越真弓

プロフェッショナル Webプログラミング

JavaScript

2021年5月1日　初版第1刷発行

著者　　　　柳井政和
発行人　　　山口康夫
発行　　　　株式会社エムディエヌコーポレーション
　　　　　　〒101-0051　東京都千代田区神田神保町一丁目105番地
　　　　　　https://books.MdN.co.jp/
発売　　　　株式会社インプレス
　　　　　　〒101-0051　東京都千代田区神田神保町一丁目105番地

印刷・製本　　中央精版印刷株式会社

Printed in Japan

【カスタマーセンター】
造本には万全を期しておりますが、万一、落丁・乱丁などがございましたら、送料小社負担にてお取り替えいたします。
お手数ですが、カスタマーセンターまでご返送ください。

落丁・乱丁本などのご返送先
〒101-0051　東京都千代田区神田神保町一丁目105番地
株式会社エムディエヌコーポレーション カスタマーセンター
TEL：03-4334-2915

書店・販売店のご注文受付
株式会社インプレス　受注センター
TEL：048-449-8040／FAX：048-449-8041

内容に関するお問い合わせ先
株式会社エムディエヌコーポレーション カスタマーセンター メール窓口
info@MdN.co.jp
本書の内容に関するご質問は、Eメールのみの受付となります。メール
の件名は「プロフェッショナルWebプログラミング JavaScript　質問
係」、本文にはお使いのマシン環境（OS、バージョン、搭載メモリなど）
をお書き添えください。電話やFAX、郵便でのご質問にはお答えできま
せん。ご質問の内容によりましては、しばらくお時間をいただく場合が
ございます。また、本書の範囲を超えるご質問に関しましてはお答えい
たしかねますので、あらかじめご了承ください。

ISBN978-4-295-20104-5　C3055